ヤギ飼いになる

New edition!

ミルクがとれて除草にも活躍。ヤギの飼い方最前線！

ヤギ好き編集部　編
平林美紀　撮影
中西良孝　監修

まっ白なヤギが草原をとことこ歩いて。
そのヤギから、ミルクをもらって毎日飲んで。
子どもたちとヤギが楽しそうに遊んで……
そんな光景は、遠い外国のものだと思っていませんか？
いえいえ、これは全部、日本でも見られる風景。
日本でもほんの50年ほど前までは、
ヤギもヤギのミルクも身近なものでした。

ヤギは、エサの費用も手間も他の動物ほどかからず、
場所があれば個人の家でも飼うことができます。
性格はおっとりしたのんびり屋。
でもわがままでマイペース。
人が来ると「メェー、メェー」鳴いて迎えてくれる。
ちょっぴり不思議、
でもすごく癒されるのがヤギの魅力です。
あなたも、ヤギ飼いになってみませんか?

こんにちは。

何？　写真？　照れるな〜。

一緒に寝るとあったかいね。

みんなで行けば、怖くないね。

誰のシルエットかな？

いいにおいがする……

高いところは楽しいな。

お母さん大好き！　背中にのっちゃお。

はっぱもおいしいな～！

内緒の話がありまして……。

ウシじゃないよ、ヤギですよ。

おいしい草、見つけた！

ジャンプも得意だよ！

タンポポも、クローバーも大好き！

ごちそうに囲まれて

うっとり夢見心地……。

CONTENTS

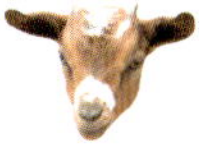

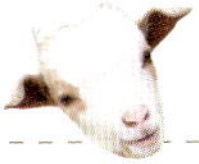

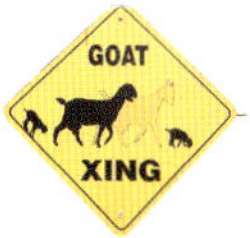

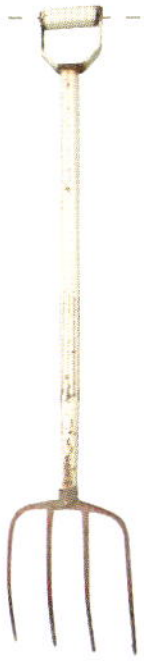

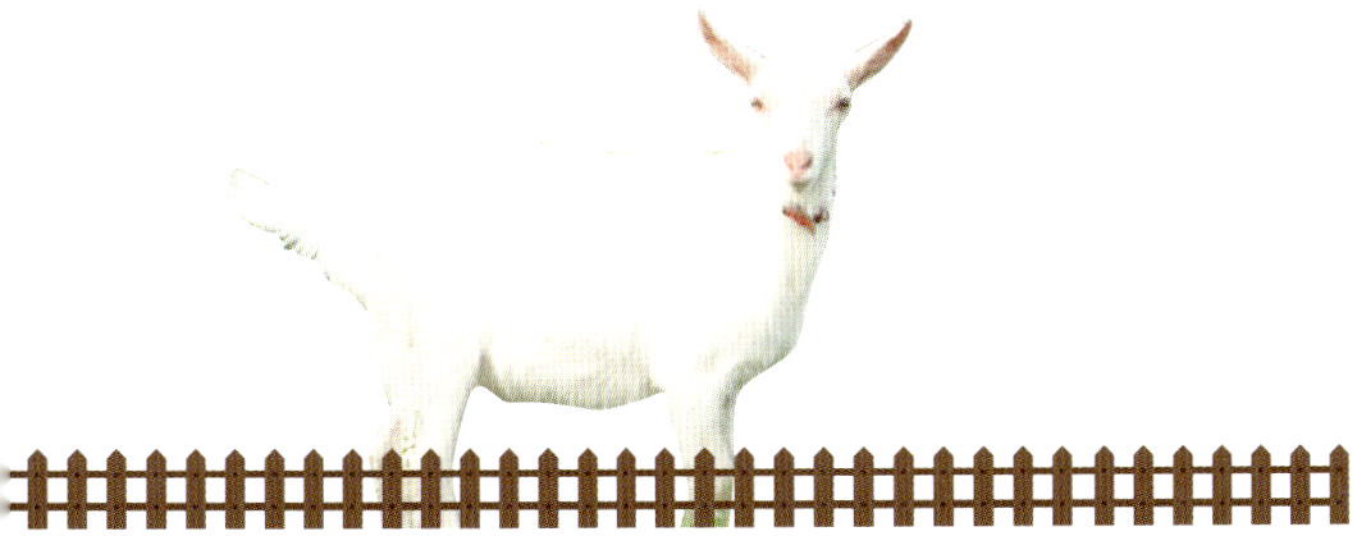

※この本は2009年7月に発行した『ヤギ飼いになる』に16頁を加え、増補改訂したものです。

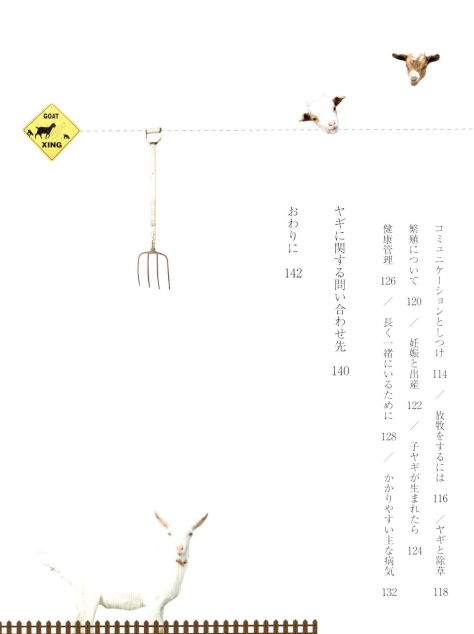

暮らし

ヤギがいる毎日は、どんな風に過ぎていくのでしょうか。

また、ヤギを飼ったらどんなことができるのでしょうか。

そこで、先輩のヤギ飼いさんの元を訪ねて、その暮らしぶりを拝見しました。そこには、ヤギだからこそできること、ヤギならではの楽しいことが溢れていました。

ヤギがいる素敵な毎日

ヤギ飼いさんの

田園に囲まれヤギに癒されるカフェ

千葉県いすみ市　中島デコさん、エバレット・ブラウンさん

自給自足を実践するこの場所に、ただヤギにいてほしくて

料理研究家の中島デコさんは、ご主人の写真家・エバレット・ブラウンさんと自分たちで野菜を作るために東京から千葉県いすみ市へ移住。自宅の周りを「ブラウン家の畑」という意味の「ブラウンズフィールド」と名付け、後に玄米菜食カフェを開きました。その「ライステラスカフェ」の前で、2頭のヤギが草をはんでいます。ともに10歳のオスのポールくんと、メスのユキちゃんです。時折お客さんが見に来たり、カフェのスタッフが世話をしに来たり。2頭は日々たくさんの人と関わり、見守られて過ごしています。

「白いヤギは緑に映えて、いるだけでいい風景になり、見ていて癒されます」とデコさん。ヤギを飼い始めたのは、常連のお客さんの「ここにはヤギが似合う。うちでヤギが増えたから飼わないか」という一言がきっかけでした。これを聞いてエバレットさんが軽トラックで迎えに行き、あまりのかわいさに2頭一緒に引き取ってきたそう。エバレットさんには旅先でヤギと交流した思い出があり、いつか飼いたいと思っていたそうです。

「インドでヤギの群れと出会い、その中の若いオスと友達になりました。頭突きをしあったのですが、ヤギは『お前は人間だから強くない。でも楽しいからやろうよ』と言っているようでした。小さいヤギで、ピョンピョンと跳ねる姿を見て、一気にヤギの魅力に引き込まれました。ヤギには魔法のような力があると感じます。人間をよく観察していて、コミュニケーションが上手いんです」。お母様も子どもの頃にヤギを飼っていて、勝手に家に入りベッドの上にいた話を聞いたこともあるのだそう。

2頭を飼い始めてから8年。エサは敷地内の草とカフェででる野菜クズのみで元気に過ごしています。

「ヤギがいると楽しいし、飼いやすい。いるだけで絵になるし、この佇まいも気に入っています」とデコさん。

羽釜で炊いた玄米ごはん、味噌汁、野菜のランチ。醤油や味噌など調味料も自家栽培の大豆や麦から作っている。

カフェの営業は金・土・日曜と祝日の11時から17時まで。卵や乳製品も使わないランチやスイーツを提供。

ブラウンズフィールドの敷地内には田んぼもあり、カフェのお米はここで無農薬栽培している。

どこか懐かしい雰囲気でくつろげる店内。座敷席や庭が見渡せるテラス席もある。

子どもたちの笑い声に包まれて

「飼ってみてわかったことですが、小さな子どもたちはヤギが大好きですね。うちには5人子どもがいて、ヤギを飼い始めたのは、一番下の子が10歳の時。動物がいる生活は子どもにとってもも楽しいようでした」とデコさん。小さなお孫さんが滞在した時は、愚図るとよくヤギのところへ連れて行ったそう。カフェを訪れるお客さんの中にも、お子さんがヤギに会うのを楽しみにしていて、家族で訪れる方もいるのだとか。

「このカフェでは、大人はテラスでお茶を飲んで、子どもたちは広場で自由に遊んでいることが多いです。子どもたちはヤギと遊ぶと言って、近づいていきます」。カフェの外は、木立に囲まれた芝生の広場。ブランコやハンモックなど遊べるものもある中、子どもたちは興味津々でヤギに近づいて大人しいユキちゃんに触れたり、ポールの頭突きを避けたりしています。

2頭は繁殖のシーズンには大きな声で鳴くこともありますが、この広い敷地内では特に問題にはならないそう。

テラス席からはもちろん、カフェの前の広場ではブランコをしながら、ハンモックに揺られながら、ヤギがいる自然いっぱいの景色を楽しめる。

ユキちゃんは優しい性格。クローバーやオオバコが大好き。名前の由来は「アルプスの少女ハイジ」に登場するヤギから。

去勢をしていないポールくんは、荒っぽい性格。子どもが苦手で、頭突きをすることもあるのが難点。

カフェの営業中は子どもたちが入れ替わり立ち替わりヤギの様子を見にくる。ヤギに会うのを楽しみに来るお子さんもいる。

広場の隅にあるハンモック。自由に寝て過ごすことができる。

ポールくんの小屋。当時のスタッフが一丸になり、その時にあった廃材で手作りしたもの。

同じく廃材で手作りしたユキちゃんの小屋。ヤギ小屋の中には塩分補給のためのミネラルブロックを吊るしている。

職人の手で古民家を再生した渋モダンな宿「慈慈の邸(じじのいえ)」。

慈慈の邸の食堂。カフェとは異なる「テロワール（土地の味わい）と発酵」がコンセプトの会席料理が提供される。

カフェに隣接するコテージにも宿泊できる。こちらは窓からヤギの姿も見える。

敷地内の至るところで野菜を無農薬で育てている。

ヤギは朝に小屋から出して、敷地内の草を食べてほしい場所に繋ぎ、夕方小屋に戻している。

カフェででた野菜クズは、ヤギが食べられるものはヤギへ。それ以外はコンポストへ入れて土に還しているので、生ゴミがでない。

田んぼの前にヤギがいるのは、昔の日本でよく見られた光景。ここではヤギたちも昔ながらのシンプルな飼育方法で飼われている。無農薬の田んぼの水をヤギが飲むこともある。

ヤギとともに持続可能な暮らし方を提案

ブラウンズフィールドには、カフェのほかに農作業など昔ながらの暮らしの体験プログラムや、自然に囲まれてのんびりと過ごせる宿泊施設もあります。ここで自然に寄り添う暮らしを体験することで、持続可能な暮らし方を意識してほしいと、デコさんは話します。

「カフェで体によくて美味しいものを味わってもらい、肉や魚、卵、乳製品や添加物を使わなくても、満足できると知ってほしい。地球環境のことを考えた時、もっともっと、と追い求めていたらきりがありません。ひとりひとりが食や暮らしを見直して、今、ここにある草や空気、土に感謝して過ごしてほしいですね。その点、ヤギは究極の循環生物。草を食べて、フンが土に還って。草だけで立派なツノや筋肉を持って生きている。もちろん人間とは体の構造が違うけれど、人間だって、今日は魚、今日は肉、洋食、中華……と毎日贅沢する必要はありません。ここにあるごはん、お味噌汁、野菜で十分と気づいてほしいです」。

移り住んだ土地でヤギと暮らす

徳島県神山町　広瀬浩二さん

ヤギを飼い始めてから大きな病気や怪我はないものの、まだまだ勉強中で、日々の健康管理に気をつけているという広瀬さん。日頃から撫でたり話しかけたりしてよくコミュニケーションをとっている。

移住してハイジのような暮らしを実現

徳島県神山町にある「神山のハイジの家」と名付けられたログハウス。2年前に東京からこの土地に移住した広瀬さんの自宅です。名前の通り、スイスの山奥にあるようなログハウスの周りでは、ここで飼われている4頭のヤギたちが自由に歩きまわっています。皆日本ザーネン系のメスで、大人のヤギは3歳のメイちゃん、その子どもで2歳のたまちゃん。やんちゃな子ヤギは春に生まれたたまちゃんの子どもで、あんこちゃんときなこちゃんです。4頭は広瀬さんによく懐いていて、名前を呼ぶと寄ってきます。ベンチに登ったり、ウッドデッキを歩いたり、外から家の中の様子をうかがったり。ここでは日々の暮らしのすぐ隣に、ヤギの姿があります。

以前は東京で映像のお仕事をされていた広瀬さん。徳島県鳴

ウッドデッキでくつろぐメイちゃん。ヤギたちは日中、小屋とログハウスの周りを好きに移動して思い思いの場所で過ごす。

「メイとたまちゃんのお家」と名付けられたヤギ小屋。広瀬さんがひとりで2ヶ月かけて建てたもの。

小屋の中は寝小屋（写真奥）と搾乳台（中央）、ヤギたちがくつろぐデッキ（手前）に分かれている。

小屋の前には柵を作り、広い放牧場に。木陰もあり、放牧場だけでものびのびと過ごせる環境。

門市の出身で、地元では昔、ごく普通にヤギが飼われていました。子どもの頃に近所で繋がれていたヤギによく会いに行き、悩み事を話したこともあるそう。じっと目を見つめてくるヤギは、話を聞いてくれているようだったといいます。そんな経験から、いつかヤギを飼いたいと思っていました。またハイジのような自然の中の暮らしへの憧れもあり、移住してヤギと暮らすことが夢となっていました。

そして東日本大震災後に、水がきれいな神山町に住むことを決意。清流のようなきれいな川の隣に現在のログハウスを建てました。建築の際は、大工さんに「アルプスの少女ハイジ」の第2話が建物の構造がよく分かる回なので参考にしてほしいと伝えたり、干し草のベッドを作ってみたり。干し草のベッドは湿気のために断念しましたが、移住後すぐに同じ県内の牧場からメイちゃんを引き取り、夢を形にしました。

「飼ってみると、やはりこちらの話を聞いて仕草で反応してくれるし、記憶力もすごい。賢い動物だと思いました」と広瀬さん。今ではヤギは家族のような存在だといいます。

1 並んで広瀬さんの後へ続くヤギたち。慣れているので、放牧場所に移動する時も特にリードなどは使っていない。

2 所有者に許可を取って草を食べさせている放牧場所で、ヤギたちは自由に草を食べている。

3 子ヤギたちは石垣の上など高い場所も平気。好きな草や葉のために首を伸ばして食べる。

里子に出す子ヤギとの別れも経験

ヤギとの1日は、朝、ヤギたちを近所の放牧地へ連れて行くことから始まります。持ち主の許可を得た場所で、草を食べさせます。自宅へ戻り、夕方に搾乳。飲みきれない分は近所に配ります。ピザ店やレストランに提供することもあり、ヤギミルクを使ったメニューがまかないとして返ってくるそうです。日中敷地内で自由に過ごしたヤギたちも、夜は小屋へ帰って寝ます。

穏やかに日々が過ぎていきますが、過去にはメイちゃんが突然出産したことも。引き取った時、既に妊娠しており、ゆっくりヤギのことを学ぼうと思っていた広瀬さんには想定外の出来事でした。この時生まれたのがたまちゃんときびくん。オスを飼う予定はなかったため、きびくんは里親の元へ。その後も4頭の子ヤギを里子に出しました。今では、ヤギを飼う中で一番辛いことが子ヤギとの別れとなりました。いつもヤギをきちんと理解し、しっかりした飼育環境を用意してくれる人を見つけていますが、それでも別れは辛く、涙してしまうそう。

春、農家さんの許可を得た田んぼでレンゲをほおばるメイちゃん。レンゲ畑はすぐに耕されるので、わずかな間のお楽しみ。（広瀬さん撮影）

積もった雪もものともせず、散歩するヤギたち。冬は購入した飼料やいただいた野菜クズ、稲ワラを食べている。（広瀬さん撮影）

広瀬家で最初に里子に出たきびくん。畜産学科がある地元の県立高校で大切に飼われている。（広瀬さん撮影）

夏、田んぼの横で草を食べるあんこちゃん。ヤギは水を嫌うので、田んぼに入って稲を食べることはないのだそう。

人との交流が深まり、夢が広がって

「ヤギの魅力は、人とのつながりを作ってくれることです」と広瀬さん。ヤギを飼っていると、近所の人が見に来たり、草や野菜クズを分けてくれたりして、あっという間に親しくなれました。遠方から来た人が、噂を聞いて立ち寄ることも。海外から来た人もいました。こうしてさまざまな人とのコミュニケーションが生まれています。

今後は、飼育スペースの都合から現在の4頭を維持して、里親が見つかればまた種付けをすることや、オスのヤギを飼うことも考えているそう。ご自身の映像の仕事に関連して、いつかヤギに関する映画も制作したいといいます。

「ヤギが人を頭突きするところはおもしろいシーンになるし、大切に育ててきた子ヤギとの別れは、悲しいけれど絵になる。ヤギとのいろいろなエピソードを映しつつ、命の尊さを伝えられる映画にできたらと思っています」。ヤギと暮らすことを実現した後も、ますます夢が広がっています。

デッキから部屋をのぞくメイちゃん。「ヤギはまるで陸のイルカのよう。親子の間でも複雑な会話をしているように思います。いつか映画でそんな知性的な行動も追ってみたい」と広瀬さん。

搾乳台も広瀬さんの手作り。メイちゃんの場合 1日約3リットルのミルクが搾乳できる。絞ったミルクは約 60℃で 30分ほど低温殺菌、冷蔵庫に保管する。

近所のピザ店「YUSAN-PIZZA」さんが広瀬さんのヤギのカッテージチーズとバジルソースで作ったピザとサラダ。

自宅前の広場には、ヤギを見に自然と近所の人が集まる。子どもからお年寄りまで、さまざまな人が訪れる。

散歩中に話しかけられることも多い。その間、ヤギたちは道草を堪能。

近所の人が野菜クズやヤギが好きな雑草を差し入れしてくれることも。ヤギたちも何か感じ取っている様子。

「メイとたまちゃんのお家」のプレートをかかげて、ヤギを見に来る人を歓迎している。

ヤギの恵み、ミルクをいただく

群馬県前橋市　熊井淳一さん、節子さん

ヤギミルクでチーズ作りに励む日々

彫刻家の熊井淳一さんのお宅には、アトリエの他に、自宅裏にヤギ舎があります。ここで、熊井さんは5頭の日本ザーネンのメスヤギを飼っていて、毎年4～12月には、ヤギのミルクを毎日搾っています。搾ったミルクは、以前は飲んだり料理に使ったりしていましたが、今はチーズ作りがメイン。チーズ専用の工房で、毎日チーズ作りに励んでいます。

熊井さんが最初にヤギを飼ったのは大学生の時。よくなついていましたが、そのヤギは腰麻痺という病気で亡くなってしまいました。当時は病気のこともよくわからず、どうすればいいかわからなかったのが辛かったそうです。それ以来、ヤギを飼うことから離れ、本業の彫刻で忙しい日々を送っていました。彫刻家の中では珍しく、鋳造まで自ら行う熊井さん。東京藝術大学を卒業して大学院へ進み、社会に出たころは、鋳造技術の習得に必死でした。忙しい日々の連続で、季節の変化を気にも留めないまま、何年も時が流れました。そんなある日、ふとヤギのことが頭をよぎったといいます。

「またヤギを飼えば、季節の変わり目がわかる暮らしができるかもしれない」。そこで、今度は病気のこともよく調べ、予防法がわかると、再びヤギとの暮らしが始まりました。

そして飼い始めたヤギは、毎日4～5リットルもの大量のミルクを出しました。これを何とか無駄にしないためにと、今度はチーズ作りが始まったのです。それから26年目を迎える今、チーズ作りは日課のひとつになっています。

ヤギが食べる青草は、近隣の農家の方に草刈りを頼まれたところから刈ってきている。

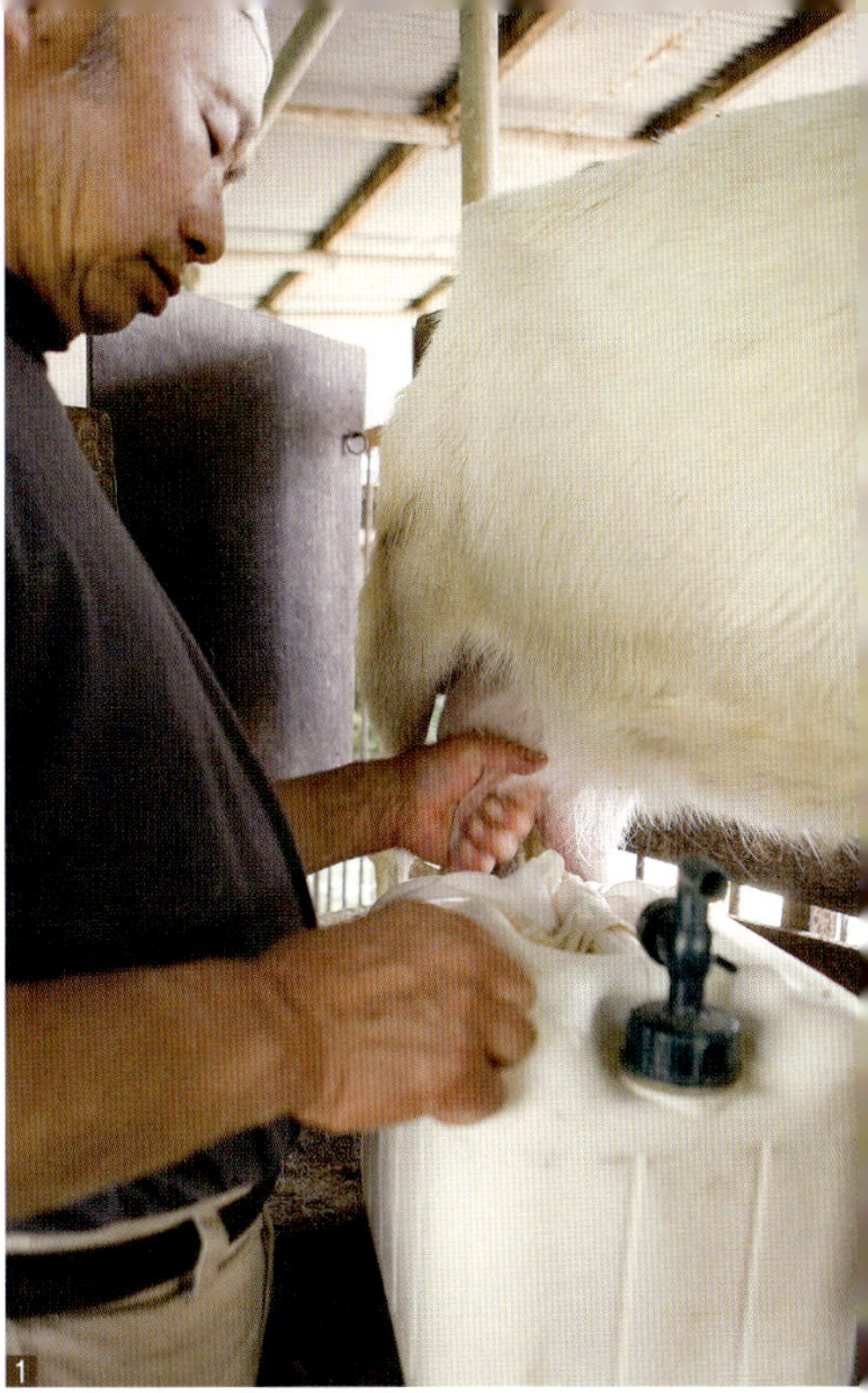

1 フスマを与えてヤギがおとなしく食べている間に、手早く搾乳する。名前を呼ばれたヤギは次々に搾乳台にやってくる。

2 春には毎年子ヤギが誕生する。生まれた子ヤギは近隣の農家に譲るか、セリ市に出しているのだそう。

3 熊井さん手作りの搾乳台。立って搾乳しやすい高さに作ってある。ヤギが自分で出入りできるようにもなっている。

4 ヤギ小屋の外の運動場。乳房を傷つけないために、フェンスから針金の先やとがったものが出ないよう気を配っている。

5 搾乳をする時は、ミルクにゴミが混ざらないようサラシの布を容器の口に被せて搾っている。

6 朝、緑豊かなお庭を歩いてヤギ小屋へ搾乳に向かう熊井さん。搾乳は午前中と夕方の1日2回行う。

フレッシュタイプのチーズをパンにのせ、サーモンをあわせて。サーモンでチーズを巻くことも。

ヤギのチーズは食卓の定番。奥さんがチーズを使って作る料理も食卓を彩っている。

チーズの種類も豊富。上から右まわりに粗挽き黒こしょう、熟成が進んだ白カビ、フレッシュ、灰づけ、白カビ。

熟成が進んだチーズ。ヤギのチーズはできたても、1週間後も1ヶ月後もそれぞれが食べごろだそう。

試行錯誤の末、おいしいチーズ作りに成功

チーズ作りを始めた当時は、教えてくれる人は誰もいない状況でした。ところが、鋳造と同じように、熊井さんは独学で取り組んだのです。職業柄、フランスへ行く機会もありましたが、そんな時は美術館より田舎のチーズ工房を巡っていたといいます。始めは何度も失敗を繰り返す日々。ところが、彫刻に夢中になって、いつもと違う時間で作業をした時、失敗と思いきや、とてもおいしいチーズができました。彫刻で使う粘土層が、チーズの熟成にいい条件だったこともわかりました。何度も試して最もいい条件を絞り込み、やがて自他ともに認めるおいしいチーズができあがりました。最初は無料で配っていましたが、評判を呼び、売ってほしいとの要望が重なったことから、許可をとって販売することに。今では、経営する「ギャルソンチーズ工房」のチーズは評判を呼び、地元のワイン店にも並ぶようになりました。海外からのお客さんや、著名人まで、ファンは増え続けています。

2 1

5

4

3

1 2 ヤギの形や動きはすべて覚えているので、もう特にデッサンをとらなくても彫刻を作れるという熊井さん。作品の中には飼っているヤギとそっくりのものや、ヤギの動きが生き生きと表現されたものも多い。

3 玄関の横にかけられた味のあるヤギの看板も、もちろん熊井さんのお手製。

4 彫刻家とチーズ職人のふたつの顔を持つ熊井さん。チーズ工房の隣に併設されている鋳造所で鋳造を行う。

5 母ヤギのミルクを飲む子ヤギの彫刻。この他、ミルクを搾る少女や子ヤギを抱く少女などさまざまな作品が熊井さん宅を彩る。

1 ヤギと一緒にヒツジも1頭飼っている。「ヒツジはヤギと比べて繊細。違いがあっておもしろいです」。

2 庭の一角にあるミツバチの巣。蜂蜜がとれると、瓶に詰めてご近所にもおすそ分けするのだそう。

3 ヤギ舎の横でチャボも飼育して、卵をとっている。こちらにもかわいい雛の姿が。

飼い続けてわかったヤギのおもしろさ

「ヤギがいて外へ出る機会が増えると、庭で何かすることが増えて、気づいたら何でも作っていました」と話す熊井さん。今では、チャボを飼って卵をとったり、養蜂を始めたり。節子さんも家庭菜園のブルーベリーでジャムを作り、野菜やハーブを育てて、自然の恵みを直に感じる暮らしを楽しんでいます。

そんな熊井さんが、忘れられないヤギの話がありました。近所の農家にあげた子ヤギを、1年後、預かることになった時のこと。子ヤギと母ヤギがどんな対面をするか見ていると、子ヤギも母ヤギも、会った瞬間、見つめあったまま止まっていました。そして母ヤギが鳴いて呼ぶと、子ヤギも応えてかけより、2頭はずっと仲良く側にいたのだそう。

「お互い忘れているだろうと思っていたから、びっくりしました。ヤギは本当に奥が深い。単純だと思われているけど、飼っていると本当は賢いことがわかります。簡単な鍵は自分で開けてしまうし。飼えば飼うほど、おもしろいですね」。

飼うほどに増していくヤギの魅力

栃木県那須町　高橋 亨さん、トヨコさん

牧場でヤギの魅力を知り家族の一員に

自然豊かな那須町でB&B（1泊朝食付きの宿）「Garden《ガーデン》 House《ハウス》 SARA《サラ》」を営む高橋さん夫妻は、自宅と宿の間のお庭で2頭のヤギを飼っています。ヤギを飼い始めてから12年。現在はシバヤギ系の蕗《ふき》ちゃん（12歳）、シバヤギとヤクシマヤギの雑種のハチくん（2歳）と暮らしています。

ヤギを飼い始めたきっかけは、トヨコさんが当時小学生だった息子さんと牧場でヤギを見て、そのかわいらしさに魅せられたことでした。それから何度も牧場へ通い、牧場の方と親しくなってヤギのことを教わりました。そして、生まれた子ヤギを譲ってもらったのです。それが蕗ちゃんでした。飼い始めて1年後に、蕗ちゃんは子ヤギを出産。小梅ちゃんと名付け、一緒に飼い続けていました。長く飼育する中で、腰麻痺という病気にかかったこともある小梅ちゃん。その時は軽症ですみましたが、7歳の時、原因不明のまま突然亡くなってしまいました。

それからしばらくして、SNSでつながっていたヤギ飼いさんが子ヤギの里親を探していることを知ります。その時の子ヤギがハチくん。蕗ちゃんのためにもう1頭ヤギがいたら、と思い始めていたこともあり、ハチくんが新たに仲間入りしました。最初は蕗ちゃんが頭突きをすることもありましたが、徐々に穏やかになり、今では夜は同じ小屋で仲良く過ごしています。

「ヤギにも個性があって、それぞれ性格が違うので楽しいです」と話すトヨコさん。蕗ちゃんは気が強く、人に頭突きをすることもしばしば。一方で怖がりでもあり、傘を開く音や、服のバサっという音にも驚いてしまうのだとか。逆にハチくんは、細かいことは気にしないけれど、寂しがり屋。人がいないと寂しくて鳴いてしまい、鳴き声に悩まされることもあるそうです。

朝、ヤギを小屋から出してお庭の草を食べてほしい場所に繋いでいる。その際、少し周辺を散歩することも。

1 亨さん自作のヤギ小屋。2度の改良を経て通気性の良い快適な小屋に。高床式でフンが下に落ちる構造。

2 晴れた日はイヌ用のリードと杭でお庭に繋がれている2頭。蕗ちゃんはお気に入りの高い場所で反芻中。

3 お庭の切り株は、角を研ぐためのもの。「角がかゆいのか、いろんなところでよくこすっているので」。

宿泊で癒されるだけでなく、ヤギの魅力を発信する宿に

ふたりが経営する宿には、ヤギに触れたことがきっかけで、ヤギに魅せられて来るようになったリピーターのお客さんが大勢います。

「お客様には庭で自由に触れ合っていただいています。慣れている方には、お散歩をしていただくこともありますよ」と亨さん。最近はクロヤギのハチくんが子どもたちに人気で、一緒にお散歩したいという希望が増えているそう。

また、お客さんの中にもヤギを飼いたいと話す人が現れ、ここで生まれた子ヤギが里子に出たこともありました。2頭の様子をいつでも見られるよう小屋に設置したWebカメラの映像を共用のパソコンでも流していて、それを見ながらお客さんとの会話も弾んでいます。単にお庭にヤギがいる宿に留まらず、たくさんの人にヤギの魅力を伝えているのです。

今の悩み事は、お庭の大事な植物を食べられてしまうことと、ハチくんの大きな鳴き声。植物の方は、夜間に脱走できないように柵を高くし、食べてほしくない植物と離してつなぐことで対策していますが、ハチくんのよく鳴く癖はまだ続いているそう。なるべく寂しくないようにしたり、逆に人の気配を消して諦めてもらったりと試行錯誤の日々。そんな苦労も、人が大好きなヤギならではと、ふたりは笑顔で話します。

1 お庭に面した客室のひとつ。どのお部屋も木の温もりがあるナチュラルで素朴な印象。

2 窓からお庭のヤギたちが見える客室は、ヤギ好きのお客さんの間で人気の部屋。

3 ヤギの雑貨も集めているそう。2頭のファンの常連さんが作ってくれた焼き物もある。

朝食をふるまう共有スペース。テーブルセットやソファもあり、ゆっくりくつろげる空間。

息子さんが小学生の時に学校の課題で作ったヤギのぬいぐるみ。他の作品とあわせて椅子の上にディスプレイ。

ブラッシングで落ちたヤギの毛を水洗いして乾かして集め、飾っている。他にハチくんの抜けた角もとってある。

お客さんが自由に閲覧できる絵本が並ぶ本棚には、ヤギの絵本も多数。やはり目に留まると買ってしまうのだそう。

宿泊したお客さんひとりひとりに、記念に古いボタンを自由に留めてもらっている。完成が楽しみなボタンワーク。

2

1

4

1 テラスでくつろぐ一時は、お庭のヤギたちを眺めて癒される時間。

2 ハチくんは子どもたちの人気者。体が黒いので虫が集まりやすく、虫対策にTシャツを着ることもある。

3 日中の日差しが強いので、小屋にはしっかりと日除けを設けている。周りを柵で囲んでいたが飛び越えられたので、後から高さを足したそう。

4 所々にグレーの模様がある蕗ちゃん。

5 宿の側から見たお庭。高橋さんの自宅の側にヤギ小屋がある。

6 小屋に設けた乾草部屋。ヤギに開けられないよう2重ロックで対策している。

7 手作りの木箱に食べ残しの草とフンを集めて堆肥を作っている。木箱は下にできた堆肥から使えるように、横が開くように工夫されている。

3

7

6

5

子ヤギを通してヤギの輪を広めて

高橋さんは、生まれた子ヤギをこれまでに8頭知人に譲ってきました。その大半は同じ那須町の方で、1番最初に子ヤギを譲ったオーガニックレストラン「Ours《アワーズ》 Dining《ダイニング》」さんは、車で1分ほどの距離。濱口さん夫妻が営むこのお店では、小梅ちゃんの子どものアズキちゃんが飼われています。よく頭突きをするアズキちゃんですが、常連のお客さんの中にはファンもいて「大きくなりましたか?」「元気にしていますか?」と、声をかけられることも。アズキちゃんもお店の一員としてこの場所にすっかり定着しています。

牧場でヤギに魅せられてから、自然な流れでその魅力を広めている高橋さん。今後は、12歳になる高齢の蕗ちゃんとできるだけ長く元気で一緒にいられるように、健康管理に気をつけていきたいと話します。これまでに病気ひとつせず、軽い捻挫しかしていない蕗ちゃん。これからも元気にたくさんの人を癒してくれそうです。

1

2

3

1 ヤギのアズキちゃんの小屋。車輪つきで可動式になっている。元は敷地の奥にあった小屋をお客さんの要望でお店の前に移動している。

2 広い敷地の中で、蚊が少なそうな場所で草を食べているアズキちゃん。草の他に、お店の野菜クズや乾草を食べている。

3 背中を掻いてもらうのが好きなアズキちゃんのために、石で背中を掻くことも日常のスキンシップのひとつ。

「白いヤギなので建物の雰囲気にあっていて、いるだけでいい風景を作ってくれます」というシェフの濱口さんの言葉どおり、お店にアズキちゃんの姿が映えている。

天気が良いと、上機嫌で良い表情を見せるアズキちゃん。人が大好きで、飼い主さんの側にいたがる甘えん坊な性格。

ヤギ飼いへの道

〜入門編〜

ヤギを飼う準備

ヤギを飼う前に

長い間、家畜として人に飼われてきたヤギは、飼いやすく人に慣れる動物です。とはいえ、どの動物でも同じように、飼うからには、そのヤギの命に責任を持たなくてはなりません。ヤギは健康に飼えば15年以上生きます。飼う前に、一生責任を持って飼い続けられるかよく確認しておきましょう。

飼うことに決めたら、まずヤギを飼って何をしたいのかを考える必要があります。ミルクをとりたいなら乳量が多い品種、伴侶動物として飼うなら扱いやすい小型の品種など、目的によって飼うのに適した品種が異なるためです。また、除角という角が生えないようにする処理や去勢は、子ヤギの時点で済ませるので、購入する時点で目的に応じて性別、去勢の有無を選ぶことになります。

去勢をしていないオスは体が大きくなり、臭いも強いので、初めて飼うならメスか去勢したオスがお勧め。ミルクをとるならメス、除草や伴侶動物としてなら、去勢したオスは発情がなく飼いやすいといえます。

場所の確保

ヤギが休むためのヤギ小屋は、体格にもよりますが、1頭に少なくとも約2㎡の広さが必要です。そして小屋の他に、運動できる場所を用意します。柵で囲ってパドックと呼ばれる運動場を作るか、広いところにヤギを連れ出して、つないでおく場所を確保しましょう。パドックの場合、1頭あたり7～8㎡の面積が必要です。ヤギを連れ出す場合、広ければ庭でも問題ありませんが、外に連れ出す時は、ヤギにとって危険のない、車や人通りが少ない草原や土手を見つけます。その場所に移動するまでの経路にも野犬など危険がないか確認しておきましょう。

ヤギのエサの確保

ヤギのエサのことも事前に知って、準備しておきましょう。ヤギは主に草を食べます。雑草や木の葉も食べるので、緑が豊富な場所なら、そこに放しておけば自由に採食します。ヤギを外に出さない場合は、土手や空き地、畑などから草を刈ってくるか、家畜飼料として売られている乾草を与えましょう。自分で牧草（家畜の飼料となる草）を育てるのも一案です。問題は、冬。草が少なくなる地域では、家畜用の乾草を購入して与えます。草の水分量が多い夏も、お腹の調子を整えるために乾草は必要です。飼料が少なくなってから慌てないよう、あらかじめ入手先を決めておきましょう。草の他には、ミネラルを補給するミネラルブロック（塩）が必要です。栄養を補助する濃厚飼料を食べることもあります。これらはペットショップでも扱っていますが、量を考えると飼料会社から購入する方が経済的です。

もしもの時に備える

ヤギが病気やケガをした場合、ひどい難産だった場合など、もしもに備えて、ヤギを診てくれる獣医さんや、すぐに相談できる詳しい人を見つけておきましょう。獣医さんは家畜を主に診療している人が適任です。家畜専門の動物病院が近くにない場合は、大学付属の動物病院や町の動物病院で診てもらえるところを探しましょう。各県の獣医師会や、家畜保健衛生所に問い合わせるとわかります。

また、ヤギが脱走して、近所の方の庭や畑の植物を食べてしまう、ということもおこりえます。人によっては臭いや鳴き声が気になることも。後々大きなトラブルに発展することのないように、事前にヤギを飼うことを近所の方に話しておき、理解を得ておきましょう。

 ※お別れについては、131ページを参照してください。

ヤギを飼うとできること

ヤギミルクをとる

ヤギミルクは牛乳よりも消化がよく、蛋白質、ビタミン、ミネラルを多く含み、昔から子どもの発育増進や、お年寄りの健康食として重宝されてきました。牛乳アレルギーの人でも大半の人は飲むことができます。日本ザーネン、アルパインなど乳量が多い品種が最適です。品種にもよりますが、1頭でも家族が飲むのに十分な量（1日約3～5ℓ）を出してくれます。

雑草を刈りたい場所の除草

山岳地帯の厳しい環境でも生きていたヤギは、草刈りの強い味方。草木の芽や根、木の皮など、他の草食動物があまり食べない部分も食べるので、生きた草刈機として世界中で注目されています。日本でも、公園や空き地、道路脇にヤギを放して除草をする自治体が増えているほど。除草したい場所にヤギを放すだけで、たくさんの草を食べてくれます。

伴侶動物としてかわいがる

ヤギはその愛らしさ、飼いやすさ、温厚で人によくなつくことから、家畜の枠を越え、癒しを求めて飼う人が増えています。自然が多い場所ならイヌほど手がかからず、ヤギのフンが肥料にもなって、いい相棒になってくれるでしょう。どんな種類のヤギを飼ってもいいですが、トカラヤギやシバヤギなど小型のヤギの方が女性や子どもにも扱いやすく、スペースもとりません。

子どもたちの情操教育

ヤギは扱いやすく、小型のヤギなら子どもでも世話ができます。情操教育のために保育園、幼稚園や小学校などで飼うところも増えています。家畜としてミルクや肉を利用するヤギを身近に感じることで、ふだん食べているものに対する感謝の気持ちも生まれるようです。ヤギは昼間に出産することも多く、子どもたちに命の大切さを教える役割も期待できるでしょう。

ヤギを迎える方法

飼っている人や牧場から

ヤギの入手方法は、飼っている人から子ヤギを譲り受けるか、牧場から購入するのが一般的です。地域でヤギを飼っているところがわからない場合は、市町村役場の畜産課や家畜保健衛生所、農協などに問い合わせるといいでしょう。

ヤギは春に出産のピークを迎えるので、この時期には離乳した子ヤギが入手しやすくなります。生後3ヶ月の離乳時に迎えるのもいいですが、それより早く迎えて人工哺育をするとより人になつきます。

エサをはじめ、ヤギの飼育方法は地域によって大きく異なるものです。ヤギを受けとる時には、飼育方法をよく聞いておきましょう。飼い始めてから相談ができるという点でも、受け取り先の方とよく話をして、信頼できるところからヤギを入手したいものです。

ヤギのセリ市

日本では、愛知県、長野県、群馬県の3カ所で、毎年6～9月にヤギ市場が開催されます。ここでは、日本ザーネンの子ヤギを中心に30～100頭、多い時で200頭がセリにかけられます。一般の人も入場して参加することができます。

写真協力 / 鎌苅ゆうみ

健康なヤギを選ぶチェックポイント

□元気に動いている

□眼が生き生きしている

□毛づやがいい

□しっぽや口のまわりが汚れていない

□目やにや鼻水が出ていない

□咳をしていない

ヤギの価格

性別や年齢、品種などによって異なりますが、例えば、平成27年度の3つのヤギ市場の平均価格では、日本ザーネンの春に生まれた子ヤギのメスが42,000～70,000円、オスが28,000～54,000円となっています（(独)家畜改良センター茨城牧場長野支場調べ）。

※購入先など問い合わせ先は140ページを参照してください。

長距離移動の注意点

購入時や放牧に連れて行く時など、車で輸送する場合は注意が必要です。車内や荷台が高温になったり、直射日光があたり続けたりすると日射病になる可能性があるので、夏場の輸送は避けるようにしましょう。どうしても夏に移動が必要な場合は、適宜休憩をとって十分に給水させます。車に酔わせると、ヤギにストレスを与えてしまうので、運転にも気をつけて。移動中にロープが首に絡まないように、短めのロープでつないでください。

子ヤギや小型のヤギなら乗用車に乗せられますが、軽トラックの荷台に乗せる場合、そのままでは飛び降りてしまう可能性があるので、ヤギが飛び出さない工夫が必要です。大型犬用のケージなど、屋根つきのケージを用意し、その中にヤギを入れて運ぶようにすると安心です。

また、ヤギ同士のトラブルを避けるために、面識のないヤギ同士は一緒に乗せないようにしてください。

ヤギのからだ

ヤギのことをよく知るために、ヤギのからだを見てみましょう。大きさ、毛色、角などの特徴は品種によって異なりますが、体長は約80～120㎝くらい。体重は小型のもので20～30㎏、大型なら100㎏を超えます。メスよりオスの方が体格が大きく、角も太く大きくなります。

耳

ちょっとした音にも反応して敏感に動く。

毛

日本で飼われているヤギのほとんどは、まっすぐで短い毛を持つ。冬になるとフサフサの冬毛が伸び、春過ぎに夏毛に生え変わる。ストレスで脱毛することも。

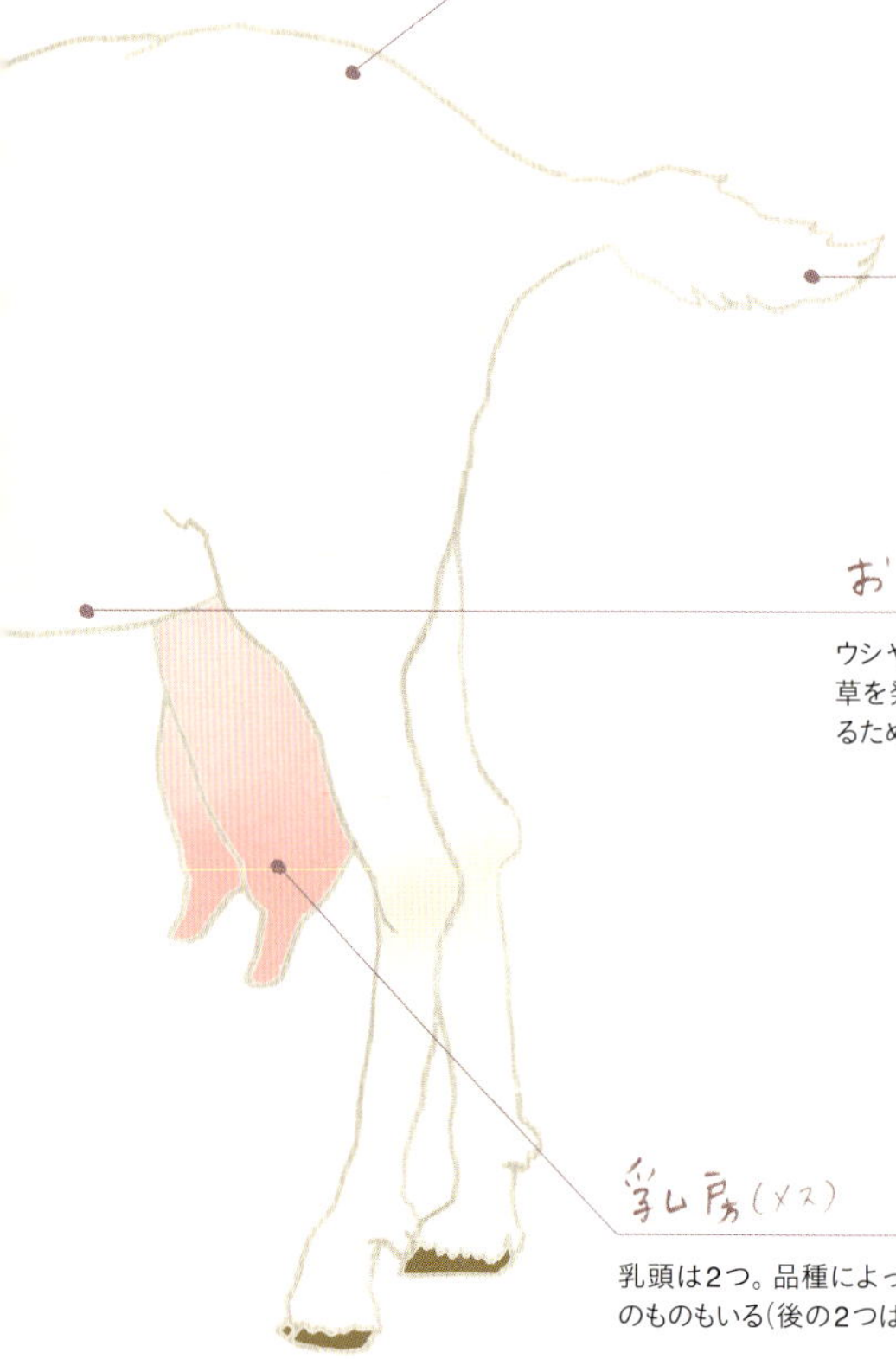

しっぽ

短く、上半分は被毛で覆われている。ヒツジと違い、大抵の場合はピンと立っている。しっぽを持ち上げてフンをする。

お腹

ウシやヒツジと同じように、草を発酵させてから消化するために、4つの胃を持つ。

乳房(メス)

乳頭は2つ。品種によっては4つのものもいる(後の2つは小さい)。

角

無角のヤギもいるが、有角が多い。生まれたばかりの子ヤギには角はなく、徐々に伸びてくる。他のヤギや人を傷つけるのを防ぐために、伸びる前に角の組織を壊す除角を行うこともある。少数で飼う場合は必ず除角しなくても問題ない。捕獲の時に角が役立つこともある。

眼

明るいところでは瞳孔が収縮し、横長の四角形になる。横長になっているのは水平に広い範囲が見渡せるようにするため。暗いところでは、瞳孔が開いて真っ黒な眼に。

口

上あごには前歯がない。上の固い歯茎と下の歯で草をすりつぶす。歯は永久歯に生え変わる。

肉ぜん

あごの下にぶら下がっている皮膚のたるみ。あるヤギとないヤギがいる。なぜついているか役割は不明で、機能的な意味はないという説が有力。

あごひげ

大人のヤギに生える。毛量は種類、個体によって差がある。

脚

山岳地帯に住んでいた祖先のなごりで、崖も簡単にかけ上がれる丈夫な脚を持つ。木の葉を食べることもあるため、後ろ脚で立ち上がるのも得意。

フン

水分が少ないので固まりやすく、腸の中でコロコロに丸くなってからでてくる。

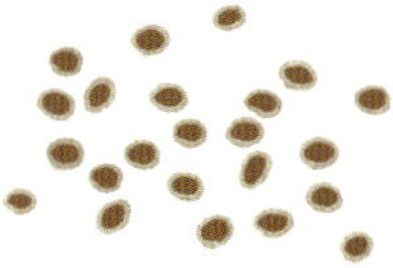

蹄《ひづめ》

外側は固くてよく伸び、内側は柔らかい。2つに分かれており、人間でいう中指と薬指の2本で立つ構造。木や岩場にひっかけやすくなっている。

ヤギの成長

早熟で長生き

ヤギはどんな風に育ち、どれくらい生きるのでしょうか。その成長の流れを見ておきましょう。

ヤギは他の草食動物と同様に、生まれてすぐ、自分の脚で立ち上がり、ミルクを飲み始めます。子ヤギのうちはとても好奇心旺盛。お腹がいっぱいになると母ヤギから離れて遊びます。そして遊びで草をかじるようになり始め、３ヶ月ほどで離乳します。この生まれてから離乳するまでを、哺育期といいます。生まれたばかりの子ヤギでは、オスメスの体重差はありませんが、離乳する頃から差が出始めます。

離乳した後は、育成期と呼ばれる時期に入ります。メスは離乳から初産まで、オスは離乳から交配開始までが育成期です。この時期に、子ヤギは草をたくさん食べてすくすく育ちます。育ち方は、飼料や環境、そのヤギによって差が出ます。そして生

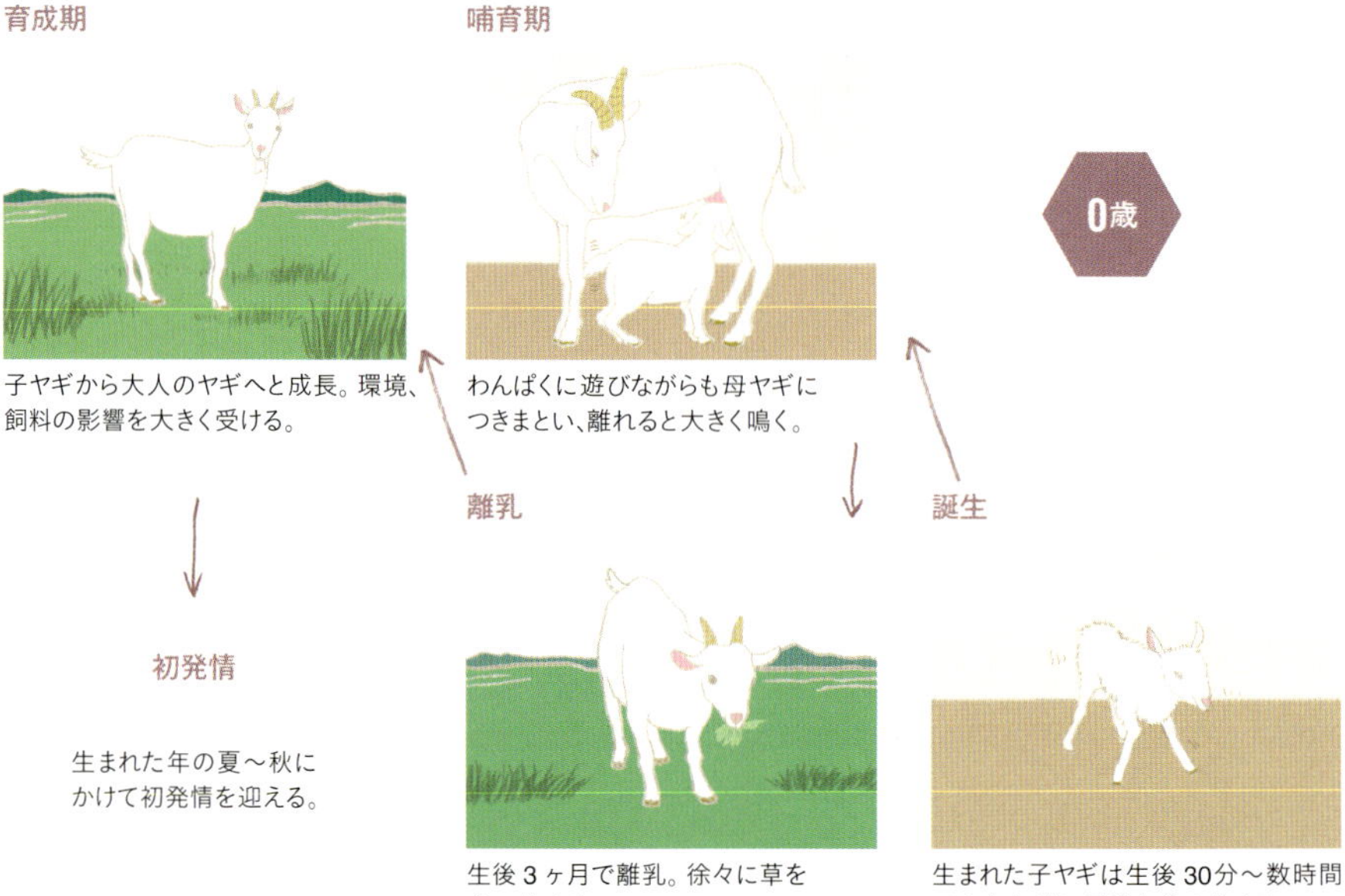
生まれた子ヤギは生後 30分～数時間で立ち上がり、母乳を飲み始める。
わんぱくに遊びながらも母ヤギにつきまとい、離れると大きく鳴く。
生後３ヶ月で離乳。徐々に草を食べ始める。
子ヤギから大人のヤギへと成長。環境、飼料の影響を大きく受ける。
生まれた年の夏～秋にかけて初発情を迎える。

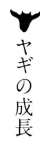

まれた年に、生後約6～7ヶ月で初発情を迎えます。この時すでに交配が可能ですが、体が十分に育たないうちに交配すると難産になりやすく、母体の発育も不十分なままになってしまうので、翌年まで待つことが多いようです。

育成期の次は、生産期。乳用ヤギは出産してミルクが出るようになってから、オスは繁殖できるようになってからを生産期と呼びます。1歳くらいには完全に親から独立し、親子でも順位を競ってケンカをします。

乳用ヤギの場合、最初の出産以降、徐々に乳量が増え、3～5年でピークに。これ以降は、ミルクの量が減り、病気の発生率も高くなります。乳用ヤギがミルクを出して活躍できるのは、8～9歳まで。オスの交配は、順調にいって小型のヤギで7年、大型のヤギで8～9年が限度です。過度に交配をすると、繁殖できる期間も短縮されます。

その後は、体力や歩く力が徐々に衰え始めます。繁殖能力がなくなった後も長生きして、およそ15年は生きるといわれています。

交配、出産が可能になる。

乳用ヤギはミルクの量が最も多くなる。
ヤギにとって働き盛りの年齢。

繁殖機能が衰え始めミルクの量が少なくなる。
オスは繁殖できる限界の年齢。

かなりの高齢。若い頃より痩せて活発に
動きまわることもなくなる。

ヤギのエサ

ヤギの食事は「草」

ヤギはウシやヒツジと同じ草食動物。野草や木の葉、牧草（家畜の飼料になる草）が基本的な食事です。その他に野菜や穀物、果物、木の皮も食べます。

エサとしてのメインは、生の草である「青草《あおくさ》」や刈った草を乾燥させた「乾草《かんそう》」。これらは繊維を多く含み、粗《そ》飼料《しりょう》と呼ばれます。粗飼料の種類としては、牧草や飼料作物、野草、木の葉、野菜類があげられます。牧草には、イネ科とマメ科の仲間があり、マメ科の方は与え方に注意が必要です（詳細は61ページ）。飼料作物は、葉や茎を家畜のエサにできる麦類やトウモロコシ、ソルガム、大豆など。野菜や野菜クズ、果物もエサになりますが、与えてはいけないものもありますし、食べられるものでも食べ過ぎでお腹の調子を悪くすることや、中毒を起こすことがあるので気をつけたいものです（詳細は56ページ）。

乾草　牧草を保存できるように乾燥させたもの。水分がない分、青草より栄養分を多く含む。

青草　生の草や牧草。乾草と比べて水分を多く含むので、こればかり与えすぎると下痢の原因になる。

粗飼料に対して、繊維が少なく、炭水化物や蛋白質が多い穀物・人工飼料などを「濃厚《のうこう》飼料《しりょう》」といいます。濃厚飼料にはトウモロコシや大麦、えん麦、大豆粕、米ヌカ、フスマなどがあり、ヤギの栄養状態やステージ（成長期の子ヤギか、繁殖するヤギか、ミルクを出すかなど）によって粗飼料に追加して与えます。基本的には粗飼料だけで十分で、特にシバヤギのような小型のヤギは妊娠期であっても濃厚飼料は必要ないことがあります。

粗飼料を基本に、必要に応じて濃厚飼料を追加するほか、草だけではとれないミネラルを補給するため、ミネラルブロックとして売られている塩を与えます。

また、ヤギを多頭飼いする牧場では、牧草などを乳酸発酵させた「サイレージ」を与えることも。サイレージは、草が不足する冬に備えて作られた家畜の飼料。牧草や飼料作物、刈り取った野草の他に、スイートコーン茎葉・枝豆茎葉などの作物残さや、水分の多い粕類（ビール粕、豆腐粕、ジュース粕）を使うこともあります。

ミネラルブロック（塩）
ナトリウム、マグネシウム、カルシウムなどのミネラルを含むブロック状の岩塩。

大麦
つぶして乾燥させた「圧ぺん大麦」。皮付きや、外皮を除いてつぶしたものがある。

配合飼料（ペレット）
各種飼料を配合して必要な栄養素を添加し、ペレット状に成型したもの。

ヘイキューブ
マメ科牧草のアルファルファを乾燥させて圧縮したもの。砕いてから与える。

そばの実
製品化する過程ではじかれたそばの実など、種を食べることもある。

ビール粕
ビールを作る過程で出た麦の粕を乾燥させてフレーク状にしたもの。

えん麦
オート麦、オーツ麦ともいわれる。穀類の中で比較的繊維質を多く含む。

トウモロコシ
飼料として売られているのは、つぶして乾燥させた「圧ぺんトウモロコシ」。

※濃厚飼料を与える場合は、補助飼料として少量に留め、与えすぎないよう注意してください。

ヤギが食べる草

ヤギが好む植物

草を食べることは、ヤギにとって何よりの楽しみ。牧草や野草のような草本類から木の葉の他、木質化した木の枝や新芽、樹皮もよく食べます。特にクズやクワの葉、新芽などのでんぷん質を多く含む植物を好むようです。ヤギが好きな草を知っておくと、もっと仲良くなれるかもしれません。

イタリアンライグラス

世界中に分布しているイネ科の代表的な牧草。

チモシー

イネ科の多年生の牧草。北海道、東北など冷涼な地域で育つ。

ヨモギ

香りが強いが好んで食べる。

アルファルファ

マメ科の牧草。乾草を与える。

クローバー

マメ科の牧草で白と赤がある。草原に自生しているものも好んで食べる。

マテバシイ

ブナ科の常緑樹。木の葉を好んで食べる。

タンポポ

葉はもちろん花も茎も好んでよく食べる。

レンゲ

レンゲ畑に放すと、喜んで夢中で食べる。

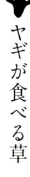

その他

野草…クズ、ウマゴヤシ、ツルマメ、アカザ、野エンドウ、スギナ　樹葉…クワ、クリ、カキ、クヌギ、シイ、ビワ、アカシア、ケヤキ、ヤナギ、ポプラ、ブナ、ナラ、ホオノキ、ブドウ、ウメ、モモ、サクラ、ミカン、ハイビスカス、コブシ　など

ヤギに有毒な植物

ヤギは本能的に有毒植物を避けますが、放牧経験がないヤギや極端に草の量が少ない時には要注意。毒草を食べてしまうと中毒を起こします。ここでは、道や庭先でよく見かける植物をあげました。身近な植物でも、ヤギに有毒なものがあります。飼い主さんが気をつけるようにしましょう。

有毒注意!

スズラン
花や根に毒性がある。スズランをさした水を飲んでも中毒症状が出る。

スイセン
草すべてに毒性がある。ヤギ小屋の近くにないか注意。

イチイ
鳥は実を食べるが、葉、枝、種に毒性がある。

ツツジ
花、葉、根に毒性がある。ツツジ科の植物はすべて要注意。

ナンテン
葉に毒性があり、多量摂取すると痙攣、神経麻痺をおこす。

トクサ
茎の表面に溝がある。草すべてに毒性がある。

アジサイ
つぼみや葉、根に毒性がある。

チョウセンアサガオ
葉や種に毒性がある。日本全国どこにでも生えているので注意。

キョウチクトウ
木のすべてに毒があり、空気が汚れていても育つので道路際に多い。

ジャガイモ
茎は食べられるが、根には毒性がある。

月桂樹
クスノキ科の常緑樹。葉と幹に毒性がある。

トリカブト
花、葉、塊茎すべてに強い毒性がある。

アセビ
冬から春にスズランに似た花をつける。木すべてに毒性がある。

ツゲ
丸くて厚い対生の葉を持つ。葉、枝、樹皮に毒性がある。

その他
ネジキ、トウゴマ、ジギタリス、ヒナゲシ、ハウチマメ、キツネノボタン、ドクゼリ、ドクニンジン、ジンチョウゲ、ミツマタ、イヌサフラン、シャクナゲ、ウマノスズクサ、キンポウゲ、エニシダ、ナガハタバコ、マルハタバコ、イケマ　など

ヤギが食べる野菜と果物

ヤギは野菜も食べるので、青草が少ない冬に与えることもありますが、野菜は必ずしも１００％草の代わりにはなりません。もし与える場合は「おやつ」程度に考えて、少量にとどめます。農薬や虫、カビ、傷みにも注意が必要です。新鮮なものをよく洗い、食べやすく切って与えてください。果物やサツマイモなどのイモ類も食べますが、デンプンが多く含まれ、お腹の調子を壊しやすいので控えましょう。

キュウリ、ニンジン、ダイコン

スティック状に切ると与えやすく、ヤギも食べやすい。葉も食べる。

カボチャ

食べやすいようにうすく切る。デンプンが多いので少量だけ与える。

キャベツ、ブロッコリー

外葉や花も食べる。

リンゴ、ナシ

果物は炭水化物が多いのでサツマイモなどと同様に注意が必要。

attention!

野菜には動物にとって有毒な硝酸塩が含まれていることがあり、摂取する量が多いと中毒を起こします。特に葉野菜は要注意。1種類の野菜を多給しないようにしてください。

与えてはいけない野菜・果物

野菜や果物の中には、少量でもヤギには有毒なものがあります。
これらは絶対に与えないように注意しましょう。

アボカド

人間以外の動物には猛毒といわれる。中毒症状から痙攣・呼吸困難になることがある。

ネギ、タマネギ、ニンニク

ネギ類はイヌやネコをはじめ、ほとんどの動物に対して有毒。

ジャガイモ

イモの部分は食べられるが、皮の青いところ・芽に毒性があるため、与えないのがベスト。

ホウレンソウ、ワラビ

人が食べるのにアク抜きが必要なものは与えない。

その他の食品

ヤギは豆腐やオカラ、パンなども食べますが、これらは本来のエサではありません。たくさん与えるのは厳禁です。好奇心旺盛なヤギは、紙でもビニールでも誤食してしまいますし、気づかずに毒草を食べてしまうこともあるもの。「食べる＝与えていいもの」ではありません。草食動物の胃は繊細で、ヤギがお腹を壊すと命に関わることもあります。多種類の草を食べさせる、乾草の種類を増やすなど、本来のエサの中でバリエーションを工夫しましょう。

豆腐、オカラ

食べられるが、水分が多く腐りやすいのですぐに食べきれる量を少量与える程度に。

絶対に与えてはいけないもの

人が食べるお菓子、加工食品

お菓子はもちろん、パンなどの加工食品は、胃の調子を悪くするので与えない。

正しいエサの与え方は？

体重や条件で量・内容が異なる

放牧していれば、ヤギは自分で体に必要な量を食べますが、放牧をしない場合や放牧できない時期は、エサの量を考えて与えなければいけません。

その量は、基本的に体重から計算します。例えば乾草の場合、1日の摂取量は水分を含まない乾物で体重の2.5〜3.0％が目安です。これに、育成期のヤギか、ミルクをとるヤギか、分娩前かなど、条件によって必要な養分を加えます。

ヤギに必要な養分は？

ヤギが健康な体を維持するためには、蛋白質、炭水化物、脂肪、ビタミン、ミネラルの5大栄養素が必要です。蛋白質は筋肉、皮、毛、血、ミルクなどを作る主成分。炭水化物と脂肪は動くためのエネルギー源。ビタミン、ミネラルは骨や血を作り、代謝をよくするために欠かせません。5大栄養素のバランスが悪いと、成長が遅くなったり、繁殖力が落ちたり、毛並みが悪くなってしまいます。栄養バランスをよくするためにも、いろいろな種類のエサを与えましょう。

中でも一番大切なことは、エネルギーと蛋白質が足りているかです。そこで、左に各飼料のエネルギーと蛋白質の量、ヤギが必要とする量をあげました。注意したいのは、同じ草でも栄養分は水分含量（青草か乾草かなど）、刈り取る時期や保存状態、生産地によって異なってくるということ。数字は目安にして、ヤギの体（体重、肉付き、毛並み）を見ながら調整してください。

草は反芻動物であるヤギにとって胃の調子を保つために欠かせないものです。一定量を毎日食べられるようにしてください。粗飼料が十分なら、ミルクを出すヤギや育成期の子ヤギ以外は、濃厚飼料は特に必要ありません。ミネラルは主に塩化ナトリウムやカルシウムなどが必要です。ブロック状のミネラル（塩）を置いて自由に舐められるようにしておきましょう。ミルクを出すヤギの場合は、0.7〜0.8％のカルシウムを添加します。

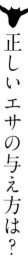

エサ作りのポイント

何種類か混ぜる。

ヘイキューブは小さく砕いて。

牧草は20〜30cmに短くカット。

乳用成雌ヤギが1日の維持に必要な栄養分

体重(kg)	20	30	40	50	60	70	80	90
DM(g)	590	800	1,000	1,180	1,350	1,520	1,680	1,830
TDN(g)	310	430	530	620	720	800	890	970
CP(g)	40	54	67	79	90	101	112	122

NRC 飼養標準(2007)より。

DM(乾物量)＝水分を除いた量
TDN(可消化養分総量)＝飼料中の消化吸収されるエネルギー価を示す養分量
CP(粗蛋白質)＝TDNのうちの粗蛋白質の量

主要濃厚飼料の栄養価
(トウモロコシ(粒)を100とした場合の比較)

飼料名	TDN	CP
トウモロコシ	100	100
エン麦	85.6	125
大麦	89.7	136
ライ麦	92.5	129.5
フスマ	77.2	205.7
ヌカ	97.8	190.9

トウモロコシの栄養価(乾物ベース) TDN=93.6%、CP=8.8%
日本標準飼料成分表(2009年版) (2010) より

主要乾草の栄養価
(イタリアンライグラス1番草・出穂前を100とした場合の比較)

飼料名	TDN	CP
イタリアンライグラス	100	100
オーチャードグラス	97.8	84.6
チモシー	96.5	76.9
ライ麦	80.5	63.6
アルファルファ	85.7	111.8
赤クローバー	84.4	79.0

イタリアンライグラスの栄養価(乾物ベース) TDN=68.7%、CP=19.5%
日本標準飼料成分表(2009年版) (2010) より

消化のしくみ　注意したいこと

ヤギの消化のしくみ

ヤギは4つの胃を持っていて、消化のしくみは人やイヌ、ブタなど、胃が1つしかない動物とは大きく異なります。イヌやブタと同じように考えてエサを与えると、ヤギの胃は大変なことになってしまうのです。ヤギの消化のしくみを知っておきましょう。ウシやヒツジでも同じです。

草を食べる時は、上唇と舌を動かしながら、下あごの切歯と上あごの固い歯茎で草を挟んで切り取ります。そして上あごと下あごの臼歯でよくすりつぶしてから飲み込んでいます。飲み込まれた草は、食道を通って第一胃と呼ばれるひとつめの胃へ。この胃の中には無数の細菌や原虫などの微生物がいて、草を発酵して分解します。この時、第二胃も連動して動き、内容物をかき混ぜてやわらかくします。ここでやわらかくなった草は、再び口の中へ戻されます。そして口の中でもう一度咀嚼《そしゃく》。これを反芻《はんすう》といって、ヤギが食後しばらくしてから座って口をもぐもぐし続けているのはこのためです。再び飲み込まれた草は直接第三胃に入り、養分の一部が吸収されます。第4胃では、胃液による消化が行われ、その後、小腸から盲腸へと進み、盲腸でも微生物による分解が行われています。

このように、ヤギの消化には微生物が不可欠です。特に第一胃の微生物は宿主であるヤギと共生関係にあり、エサの内容の影響を受けやすく、急に内容が変わると微生物のバランスが崩れ、ガスが異常発生したり、消化がストップしたりすることに。粗飼料が少ない場合も同じです。胃が大きい分、胃が膨れると肺や心臓を圧迫してしまうので、気をつける必要があるのです。

エサの注意点

ここで、おさえておきたい注意点をまとめました。ヤギの健康を守るために確認しておきましょう。

・エサは毎日、同じものを同じ量あげるのが基本。内容を変える時は少しずつ新しいものを混ぜ、2〜3週間かけてゆっくりと変えていく。

・マメ科の牧草（クローバー、アルファルファなど）は多給すると鼓脹症という病気になりやすいので注意。

・ヤギは湿っている草より、乾燥している方を好む。水分含量が多い青草だけでは下痢をすることがあるので、乾草も与えるか、刈ってきた草を干して水分含量を少なくしてから与える。

・ヤギはラクダの次に水分の代謝が遅く、あまり水は飲まないといわれるが、ミルクを出すために水分が必要。オスの場合も水分が不足すると尿石ができてしまう。いつでも新鮮な水を十分飲めるようにする。

ヤギの口。上あごには1本も前歯がない。

ヤギの胃

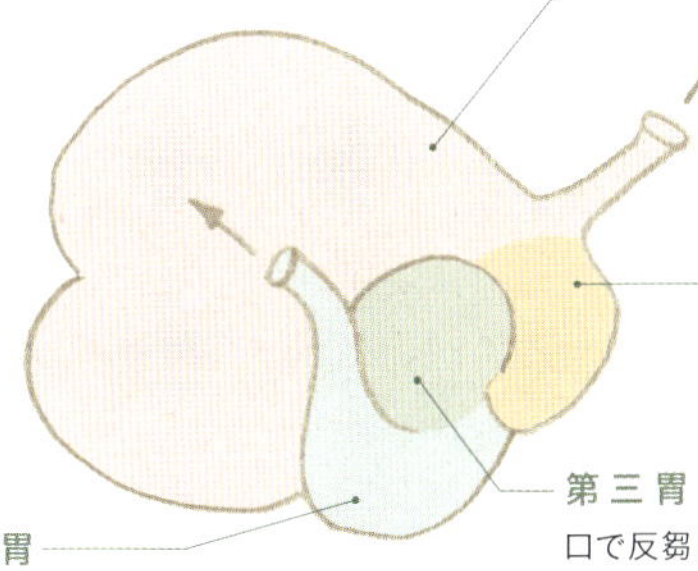
第一胃
胃全体の80%の容量がある一番大きな胃。細菌や原虫などの微生物が棲み、草の繊維を分解している発酵タンク。
第二胃
第一胃と一緒に動いて、胃の中のものをかき混ぜる。
口で反芻したものが直接入るところ。
第四胃
胃液を出して消化し、小腸へ送る。

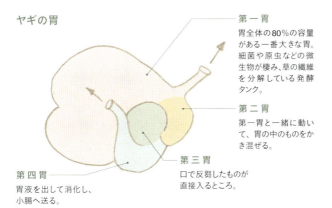

ヤギのおうち

雨を避けられる小屋と、できれば運動場を

ヤギは湿気と暑さを嫌います。ヤギ小屋は風通し・日当たりがよく、夏は暑くなりすぎない場所に設置してください。昔から「ヤギが鳴くと雨が降る」といわれるほど水を嫌うので、雨が避けられる屋根も必要です。小屋の出入り口が南か東を向くようにして、西日を避けて。小屋の広さは1頭あたり2㎡以上がいいでしょう。さらにすぐ隣に1頭あたり7～8㎡の広さのパドック（運動場）を作り、ヤギが自由に小屋と行き来できるようにすると、毎日連れ出す必要がなく便利です。

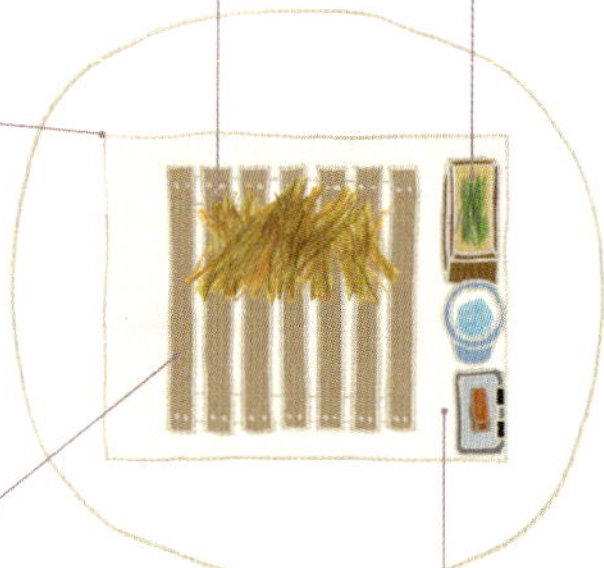

敷きワラ

床がコンクリートや土間の場合はワラを敷く。ヤギが寝た時に体を冷やすのを防ぎ、フンや尿がワラの下に落ちて掃除がしやすくなる。汚れたらとり替える。

給餌台

エサは給餌台を設置するか、給餌箱（木箱、バケツ、ポリ容器など）に入れて与える。小屋に設置する場合は、草を落として踏まないように、位置を高くするか箱を深くするなど工夫を。ヤギ同士がとり合わないように幅を広くするなどの配慮も必要。

スノコ

床にスノコを敷くと通気性がよく、フンや尿が完全に下に落ちるので掃除が便利。ブロックなどを置いて、床上30cmくらいのところに設置する。

給水器、ミネラルブロック（塩）

ヤギが自由に補給できるように常備しておく。給水器はポリバケツや園芸用のプランターなどで可。いたずらして倒されたり、フンが入ったりしないようにして、毎日こまめに水を替える。ミネラルブロック（塩）は給餌台の近くに置いておく。

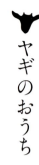

ヤギ小屋

納屋を改装したり、家畜用の小さめの飼育舎を購入して設置したり、手作りする。強い日差しがあたらないよう、ひさしは長めに設けて。壁は板張りなどで隙間をあけて風通しがいいように。床には尿が流れるように緩やかな傾斜をつけると掃除が楽になる。

遊び場

ヤギは高いところが好きなので、高さ60〜70cmの木製の高台を設置したり、材木、ブロックを積み上げたり、土を盛るなどして高い場所を作ってあげると喜んで登る。

運動場(パドック)

屋外で運動することでヤギのストレスが減り、健康な状態をキープできるので、できる限り広く確保したいところ。小屋とつなげて、ヤギが自由に行き来できるようにすると便利。小屋と離す場合は水飲み場や日差しが避けられる場所も設けておく。

柵

ヤギは跳躍力があり、柵を飛び越えることがあるので、高めに設置する。1.2〜1.5mくらいが安全。隙間も通りぬけるので、間隔は狭く。金網の場合は破られないように注意する。

ヤギのお世話

日々の作業を丁寧に

毎日のお世話は、1日1～2回エサを与えて水を替え、小屋を掃除することです。フンや尿をいたるところにするので掃除は毎日必要です。掃除をする前に放牧するか運動場に出しましょう。不潔な環境は病気の元なので、小屋は清潔に。給水器も毎日洗いましょう。フンは堆肥にして土に還すと処分の手間が省けます。

その他、健康を保つために、定期的な削蹄《さくてい》と寄生虫の駆除が必要です。削蹄は、伸びた蹄を切って正常な長さに保つこと。蹄が伸びすぎると、歩行困難や蹄の病気を招き、いいことがありません。自然にすり減る場合は必要ありませんが、伸びるなら2～3ヶ月ごとに行います。寄生虫対策には、年1回駆虫剤を飲ませますが、放牧していない場合、少頭数で過去に異常がない場合は毎年行わなくても大丈夫です。

年間カレンダー

ヤギの1年間の管理をまとめた表をご紹介します。
飼育環境、ヤギの種類によって異なるので、これを目安にオリジナルの計画を立ててください。

4月	5月	6月	7月	8月	9月
・削蹄 ・放牧準備 （牧柵の点検、毒草の除去）	・放牧開始 ・小屋の消毒 ・寄生虫駆除 →		・削蹄 ・小屋の消毒 ・寄生虫駆除 → ・腰麻痺予防 →	・日射病、熱射病対策	・発情チェック ・交配

10月	11月	12月	1月	2月	3月
・削蹄 ・小屋の消毒 → →	・放牧終了	・搾乳停止	・削蹄	・出産準備	・搾乳開始

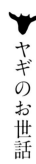

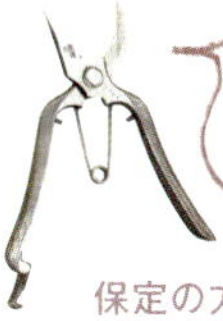

ヤギは体格も蹄も小さいので、ウシのように専門家にお願いしなくても、園芸用剪定バサミを使って削蹄をすることができます。

保定の方法

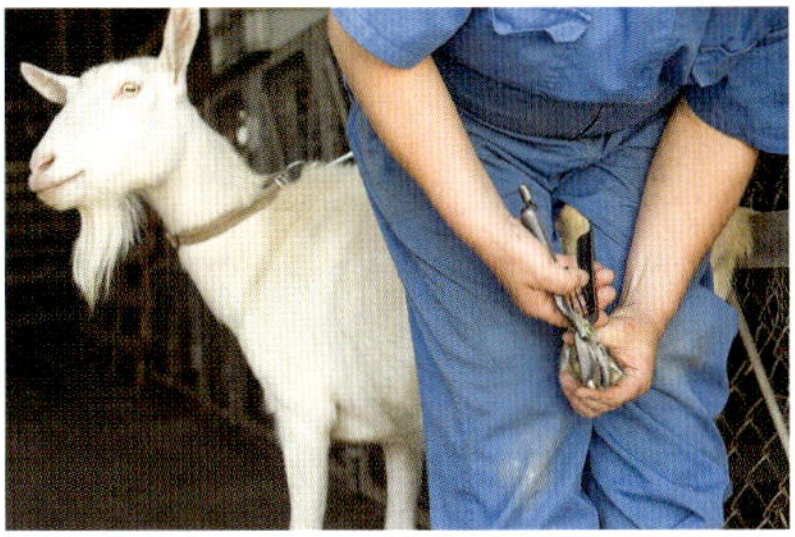

ヤギを柵につないで、柵と反対側の脚を持ち上げ、人の体でヤギの体を押さえます。後ろ脚は力が強いので、人の脚で挟みこんで押さえます。

削蹄の方法

内側に伸びた蹄

外側に伸びた蹄

伸びてしまった蹄。内側に巻くように伸びる場合と、外側に伸びる場合があります。内側へ巻いた蹄の中にフンなどが詰まり、ばい菌が入ると大変なことに。さっそく切っていきましょう。

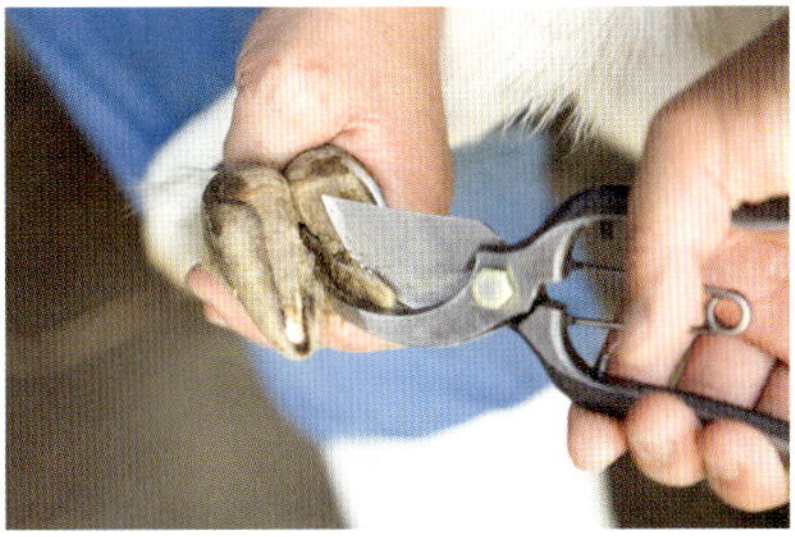

1. まず、蹄の片側をカット。中央のやわらかい部分に高さをあわせるように、左右の外側の固くて薄い部分を切ります。伸びすぎた場合は少しずつ切ってください。

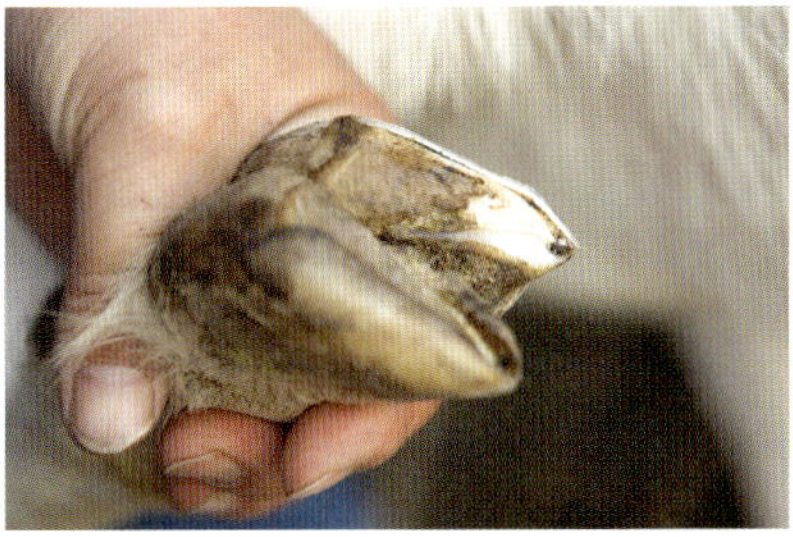

2. 片側を切り終わった状態。白い部分が切った箇所です。ここがピンク色になってくると、血管が近づいている証拠。切りすぎると出血するので気をつけて。万が一出血した場合はヨードチンキを塗って対応を。

3. もう片方の蹄も同様に切ります。ヤギは蹄の前に体重をかけて歩くので、前が沈むように、前の方を短めに切ってください。

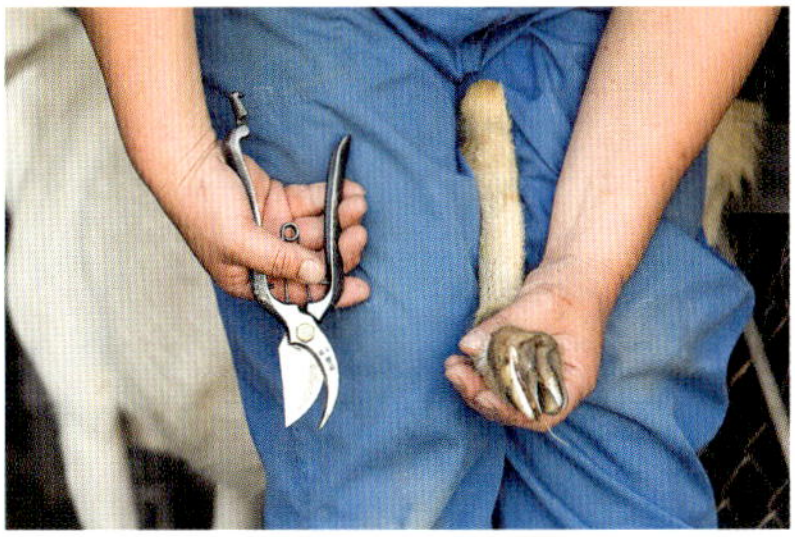

4. 切り終わったら、脚を下ろして高さをチェック。左右が揃い、歩きにくくないようならOKです。

牧場など扱いに慣れているところでは、中央のクッション部分も削って高さを揃えることがあります。ウシと同じ削蹄器具を使います。このクッション部分は自然にすり減っていくので、家庭ではまわりの固い部分だけ切っておけば十分です。

ヤギの行動

行動は見るほどに見えてくる

ヤギは活発でよく動きます。人にもなつきますが、イヌほど人を気にすることもなく、いつもマイペース。行動パターンは単純だと思われがちですが、よく観察すると、さまざまな行動が見られます。ヤギ同士で遊んだり、角でかゆいところをかいたり。座って口をもぐもぐしている時は、食べたものを反芻《はんすう》しています。時には自分で鍵をあけて脱走することも。発情期には激しく鳴き、せわしなく動くようになります。

ヤギの性格は、個体によって差があり、おっとりしている子、活動的な子と、複数で飼うと違いがはっきりわかります。鳴き声も、お腹が空いている時、母親が子ヤギを呼ぶ時、非常事態で、声のトーンが異なり、慣れるとわかってくるようです。毎日接しながら、ヤギそれぞれの行動や表情を見つけていくのも、飼う楽しみのひとつです。

ヤギのルーツは山岳地帯にあるので、高いところに登るのを好む。平均台のような狭い部分も難なく歩き、木に登ることもできる。平衡感覚がすぐれているので、急な斜面もへっちゃら。

オスはときどき上唇をめくり、笑ったような顔をする。これは笑っているのではなく、繁殖期にメスの臭いを嗅ぐなどして興奮し、恍惚となった時の表情。この行動をフレーメンという。

イヌのように、エサをもらえる時など、いいことがあって喜ぶとしっぽを左右にパタパタと振る。反対に警戒したり、怒ったりしている時は、しっぽをピンと上に持ち上げる。

人が手に草などを持っていると、後ろ脚だけで立ち、前脚を人の脚にかけて草をせがむ。木の葉や芽を食べるため、後ろ脚で立って前脚を木の幹において食べる姿勢からきている。

オス同士は角をぶつけ合ってケンカをする。エサをとり合う時や、ヤギや人に対して怒っている時はメスでも頭突きをする。じゃれあう感覚で人に対して頭突きするヤギもいるので注意。

草食動物のヤギの耳は、いろいろな方向の音を捉えられるようによく動く。耳をピンと立てて前に向けるのは、目の前にあるものに集中している証拠。

ヤギさん質問箱

ヤギに関するちょっとした「？」から、
飼い方で気になることまで、
ヤギ飼い初心者が気になる疑問にお答えします。

Q1. 寒さ、暑さは苦手なの？

A1. 弱くはないけれど、対策は必要

ヤギは皮下脂肪が少ないので、必ずしも寒さに強いとはいえません。ですが、十分に環境に慣れる時間があれば、寒い地域でも密度の濃い冬毛が生えて、耐えられるようになります。反芻《はんすう》動物であり、ウシやヒツジと同じく胃が発酵タンクになっているので、そこが熱源にもなるのです。屋根があって雪を避けられる、数頭が体を寄せ合って眠れる、飼料が十分にあるなど、条件が揃えば、最低気温が－10℃に達するような環境でも元気に冬を越すことができます。

また、暑い地域に生息しているヤギもいるので、暑さに弱い方ではありませんが、人間ほど汗をかいて体温調節する機能が整っていないので、日射病や熱射病になってしまう危険があります。上述したように、お腹に発酵タンクを持っているので、暑い地域ではそのことが暑熱ストレスになることがあります。暑い時期は、必ず直射日光を避けられる場所を用意し、風通しのよいところで飼いましょう。

Q2. 人にはなつく？　しつけをすることもできる？

A2. 飼い方次第でよくなつきます

乳用家畜としての歴史が長い日本ザーネンは人になつきやすく、シバヤギは慣れにくいといわれています。ただし、シバヤギも手をかけて育てれば、人によく慣れてなつきます。特に人工哺育で育てると、大人になっても人なつっこい性格になります。ミルクをとるヤギの場合は、搾乳する人になつきます。また、名前をつけて呼ぶと自分の名前を覚えて、鳴いて返事をしたり、近づいてきたりするようになることも。人によく慣れたヤギなら、イヌと同様にしてある程度しつけることもできます。

Q3. 複数で飼う時に気をつけることは？

A3. ケンカ、エサに注意！

ヤギは繁殖力が強く、気づかないうちに妊娠してしまうことがあるので、去勢していないオスはメスと離して飼いましょう。オス同士を多頭飼いすると、頭突きをして順位争いを始めます。時には血がにじむほど激しくぶつかることも。順位が決まるとケンカは収まりますが、心配な場合は離して飼うのがいいでしょう。メスの集団では、年老いたヤギがリーダーシップをとって、女王様のように振舞うことがあります。こうなった場合、飼い主が他のヤギばかりをかまうと、嫉妬して問題行動を起こすことがあります。

また、群れの中で弱いヤギはエサをとられて食べられなくなるので、給餌箱を分ける（できれば1頭に1個）か、離して置くなどの配慮が必要です。

Q4. ヤギにとってストレスになることって何？

A4. 驚かせること、湿気が強い場所、環境の変化など

大きな音や聞き慣れない音がすると、ヤギは驚いてストレスをかかえます。急な動作や、人やイヌに追いかけられることも同じです。湿気を嫌うので、雨の日や湿度が高い場所も苦手です。また、見たことのない人や初めての環境などもストレスにつながります。毎日のお世話は、なるべく同じ人が同じ時間帯にするように心がけましょう。その都度声をかけたり、体を触ったりして日ごろから人に慣らしておくと、ヤギの不安も解消されます。注射や治療などやむをえないストレスがかかった場合は、終わったらブラッシングしたり、下あごから首にかけて撫でたり、やさしく声をかけたりしてあげましょう。特に目線が大事で、しゃがんで触れ合うとヤギもおとなしくなります。

Q5. 他の動物と一緒に飼っても平気？

A5. 病気や動物の相性には要注意

ウシと一緒に飼う場合、ウシが近くで飼われている場合は注意が必要です。ウシにとっては害がない寄生虫を蚊が媒介してヤギにうつると、腰麻痺という病気にかかります。ウシが寄生虫を持っていないことが明らかであれば問題ありませんが、過去に発生例がある場合は、離して飼うか、予防薬を投与することが必要です。

また、草食動物であるヤギはイヌを嫌います。イヌも遊ぶつもりで子ヤギを傷つけてしまう可能性があるので、お互いが慣れるまでは、注意して見守る必要があります。一方でヒツジはヤギと似たところが多く、飼い方も同じなので、一緒に飼いやすい動物です。

Q6. ヤギとヒツジの違いって？

A6. 行動、好みに違いあり

ヤギとヒツジは、どちらもウシ科・ヤギ亜科の動物ですが、種はまったく別のもの。染色体の数が異なり、ヤギとヒツジの間に子孫は残せません。

特徴として、ヤギはブラウザー（木の葉食い）、ウシやヒツジはグレイザー（牧草食い）と呼ばれ、ヤギは木の葉、ヒツジは牧草を好みます。ヒツジは草を地際まで食べますが、ヤギはそれよりも長い草、高い部分が好きで食性の幅が広いようです。一方、同じものに飽きやすい面もあります。形態的には、ヤギはしっぽをピンと立てますが、ヒツジは垂れています。ケンカをする時、ヤギは後脚立ちになり、反動をつけて頭突きをしますが、ヒツジは突進して頭突きをします。

Q7. 紙は食べられる？

A7. 消化に悪いので、絶対に与えないで！

昔の紙は木や草の植物性繊維成分（セルロース）が多く、ヤギが食べても差し支えないものでした。ここからヤギは紙を食べるといわれるようになりましたが、現代の紙はヤギには消化しにくく、インクやノリがついていると体に害があります。紙をエサと勘ちがいして口にすることもありますが、もしヤギが食べそうになっても、絶対に与えないようにしてください。

Q8. 人にうつる病気はある？

A8. うつるものもあるので、接した後は手洗いを欠かさずに

ヤギの病気がすべて人にうつることはありませんが、ヤギから人にうつる病気として、破傷風、サルモネラ症、大腸菌症、結核などがあります。病気になったヤギを触った場合はもちろん、普段から、ヤギに触れた後は手洗いやうがいを行うようにしましょう。作業着や作業用の長靴を用意しておくといいでしょう。

Q9. イヌのように登録が必要？

A9. 許可が必要な場合があるので確認が必要です

イヌのように決められた登録はありませんが、住宅密集地や観光地で4～6頭以上のヤギを飼育する場合は、化製場法の許可が必要なことがあります。何頭以上で登録が必要か、かかる手数料は地域によってさまざま。飼うことに決めたら、住んでいる自治体へ確認しておきましょう。

また、家畜として飼っていなくても、1頭以上飼っていれば家畜保健衛生所へ1年ごとに飼養状況を定期報告する義務と、家畜伝染病予防法で定められた飼養衛生管理基準を守る義務が生じます。

Q10. ヤギが害獣になるって本当ですか？

A10. 害獣に指定され、捕獲が行われている地域があります

ヤギは潅木から新芽、若枝、樹皮まで食べてしまうので、木を枯らしてしまうことがあります。かつて、ヤギは大航海時代に船に積まれ、次に立ち寄った際の食料にするため、さまざまな島に放されました。また、家畜や実験用にヤギが飼われていた島から人がいなくなり、ヤギが増えたことで、島の草木を食い荒らし、本来の自然植生が破壊されているところがあります。島の自然植生の破壊は、生態系の破壊や、土壌流出によって周辺漁場に被害が出るため、問題となっています。日本の南西諸島、小笠原諸島、伊豆諸島の無人島などがその例です。ヤギを捕獲して里親を探した村もあります。

ヤギは脱走の名人ですが、近隣の農家やご近所に迷惑をかけたり、野生化したりすることのないように、十分注意してください。

こだわりの

ヤギ小屋拝見！

簡単に作ることもできるけれど、こだわることもできるヤギ小屋。
工夫を凝らせば、飼い主さんもヤギも毎日が楽しくなるでしょう。
先輩ヤギ飼いさんのこだわりの小屋をご紹介します。

変化を楽しめる小屋

（栃木県　はたかおりさん）

ヤギ飼い歴 16年のはたかおりさんが飼ってから7年目に作ったのが、今のヤギ小屋。基礎工事は建設屋さんにお願いして、その後の壁や屋根作りは、ご主人とともに行ってきました。自宅のログハウスに合わせた外観で、統一感を出しています。さらに、木材の経年変化はもちろん、屋根を草屋根にして四季がわかるようにしたり、板張りだった壁を塗って変えたりと、ヤギ小屋に手を入れて、変化を楽しんでいます。

斜面の上の風通しのよい場所に建てられたヤギ小屋。窓を大きく、多めに6カ所にとっていて、ドアを2つ設けている。

小屋の横と裏に薪置き場を設置。日常の作業の傍ら、ヤギの様子も見ている。

小屋に隣接する広い放牧場。タヌキなど野生動物の侵入を防ぐためにネットを張っている。

みんなのヤギ小屋の工夫

まだまだあります！

蚊取り線香

煙が小屋に充満しないよう、すき間を作って風が通るようにした天井に設置。

ヤギが舐めやすい高さに吊るして。

塩の置き方

木材で箱を作って置き場所に。

以前の小屋。最初は板張りのまま使っていた壁を、今は自分たちで土壁に塗り雰囲気を変えた。

春に花を咲かせるクリーピングタイムや、クリムゾンクローバーなど草屋根の植物も都度植え替えている。自然に生えた草をそのまま育てておくことも。写真はコモチマンネングサ。

小屋の中は、2頭の飼育スペースと掃除道具やエサを収納する場所に分かれている。

らんまるくんのスペース。床は掃除がしやすいコンクリート。寝場所は25cmくらい床から離して板張りに。

こちらはななちゃんのスペース。高齢で脚が悪くなったななちゃんの負担を軽減するためバスマットを敷いている。

ネームプレート

表札も手作りして小屋のワンポイントに。

webカメラ

パソコンやスマホで小屋の中の様子をいつでも見られるようカメラを備えつけ。

扇風機

暑さと湿気対策に便利な扇風機を天井に。

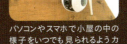

ヤギ牧場を訪ねて

日本国内にもいくつかヤギの牧場があります。
おいしいヤギミルク製品とかわいいヤギに出会える
ルーラルカプリ農場にうかがいました。

ヤギに癒され、ヤギミルクと料理を味わって楽しめるヤギ牧場

岡山駅から車で約40分。周りをぶどう畑に囲まれた小高い丘の上に、「ルーラルカプリ農場」があります。「ルーラル」は「田舎」、「カプリ」はヤギの意味。田舎のヤギの農場を意味するこの農場には、約80頭の乳用ヤギと、20頭の小型種のヤギが暮らしていて、自由に見学とふれあいができます。

そんな牧場には、家族連れのほか、遠足の幼稚園児や小学生など、さまざまな人が訪れます。のどかな時間が流れるこ

の牧場では、グルメを楽しむことも見逃せません。２００６年にオープンした農場の評判は口コミで広がりグルメ専門誌でも取り上げられ、レストランのシェフといった飲食関係者をはじめ、遠く県外から訪れる人も増えています。定番のヤギミルクで作られたチーズやヨーグルト、ソフトクリーム、有精卵のプリンをショップで購入できるほか、料理を提供するキッチンには選りすぐりのナチュラルワインが充実。カフェメニュー、ランチやバーベキューのコースに合わせて、豊かな時間を過ごせる場所となっています。

ふれあいからグルメまで、牧場が発信するヤギのさまざまな魅力は、徐々に広がりつつあります。

いろんな色、柄のヤギがいるんです。

牧場のヤギたち

ヤギ舎の中では、座って休める椅子、テーブルと、ヤギのエサも販売されている。

小型種のヤギたち。シバヤギとトカラヤギの雑種。年間を通して子ヤギにも会える。自由に敷地内を歩きまわる子ヤギは愛嬌たっぷり。

牧場の仲間たち

牧場にはミルクを出すヤギのほか、小型種のヤギの姿も。他 にもいろいろな動物たちが暮らしています。牧場で会える動物たちをご紹介します。

ミルクを出すヤギは主に日本ザーネンという品種。

その他の動物たち

たれ耳がかわいいウサギたちも牧場の一員。ただ今、お昼寝中……。

放牧されているミニチュアホースのひなちゃん。おとなしくて人気者。

こちらもミルクを出すヤギ。アルパインという品種。白一色の日本ザーネンと異なりさまざまな色柄がいる。

ぼくたちウズラもいるよ！会いに来てね。

牧場の仕事1 そうじとエサ

牧場の毎日は大忙し。
ほんの一部ですが、毎日のお仕事の様子を見せていただきました。

ヤギ舎の柵の中に敷いてあるウッドチップは、月に一度、すべて交換してきれいに保つ。

ヤギ舎のそうじ

朝8：00、まずヤギ舎のそうじから一日がスタート。落ちたフンやゴミを掃く。

エサを与える

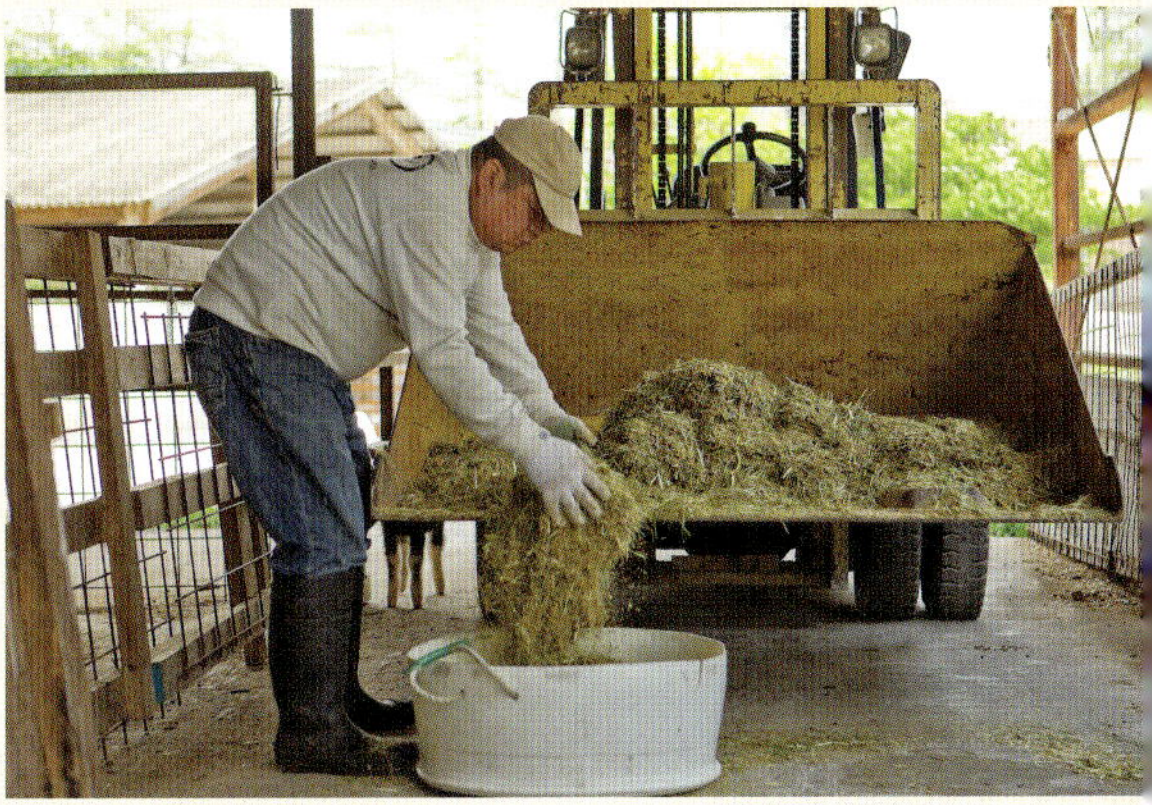

エサの時間は1日2回。飼料庫からヤギに与える乾草をまとめて運ぶ。

いつも首を長くして、エサがくるのを待っているヤギたち。

運んできた乾草は長い給餌箱へ。みんなが食べられるよう均等に入れていく。

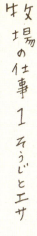

牧場の仕事2 搾乳・ミルクの加工

ミルクを搾る

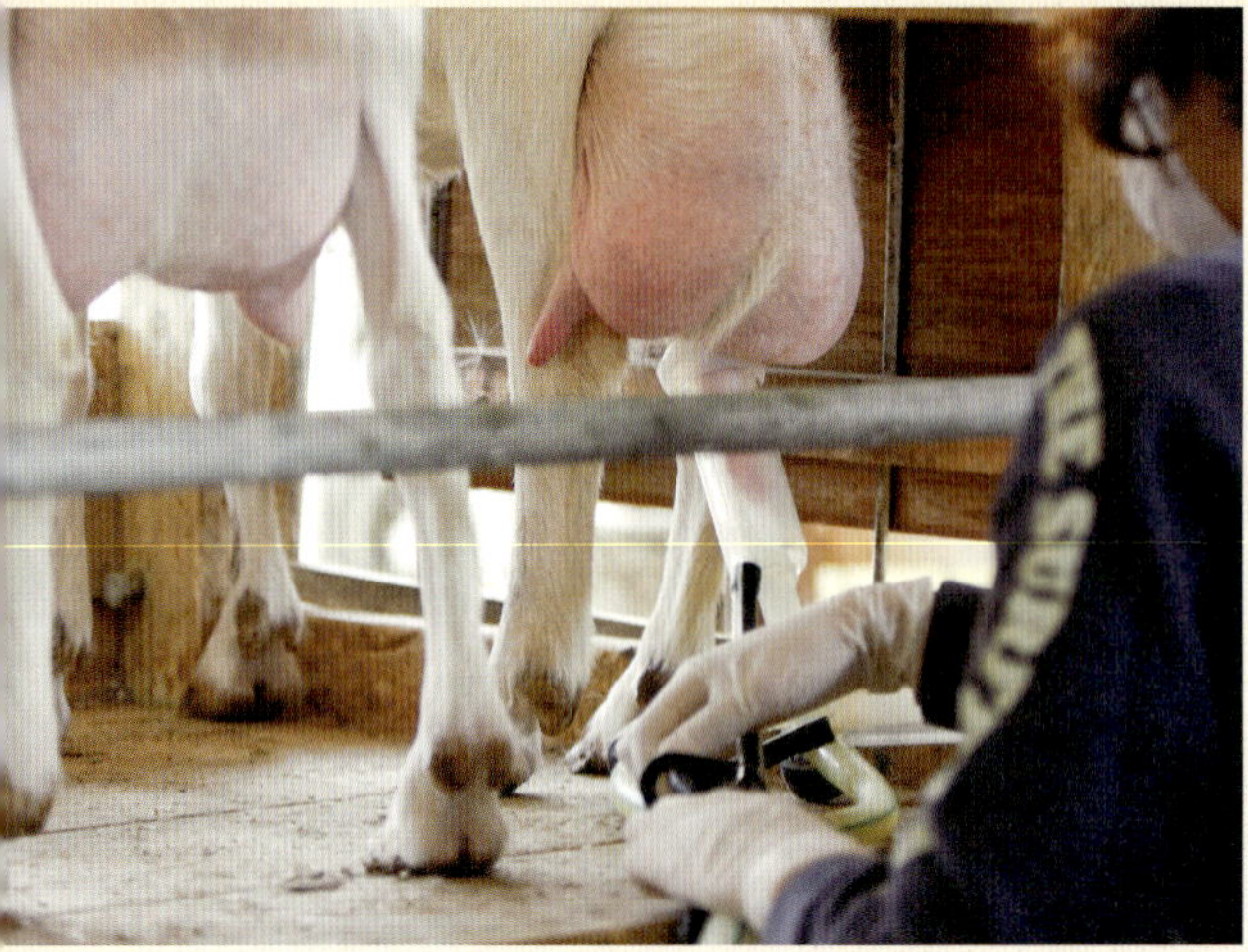

まず少し手で搾ってミルクの質を確認してから、ヤギ専用の搾乳機を使ってミルクを搾っていく。

搾乳台にずらっと並んで搾乳されるヤギたち。ひとつの搾乳機で2頭ずつ搾乳する。

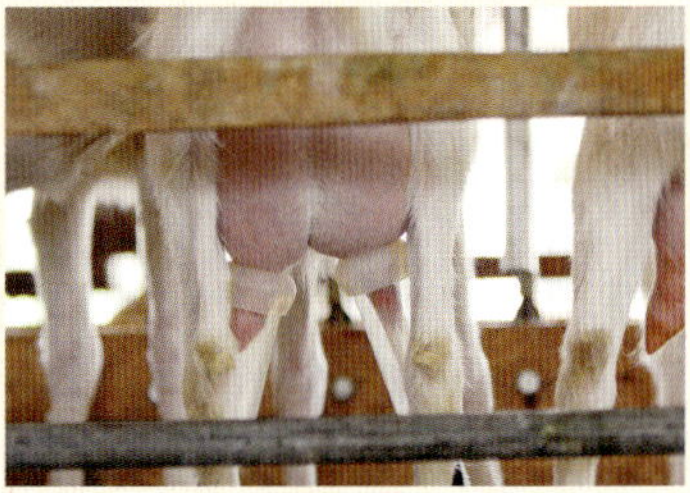

ミルカーと呼ばれる搾乳機は、ヤギ専用のものをアメリカから輸入して使っている。

ミルクをまとめて冷却する装置。1日あたり約50リットルのミルクがとれるそう。

搾ったミルクを加工

搾ったミルクは併設の加工工場でヨーグルトやチーズなどに加工される。

牧場の仕事3 子ヤギのお世話

子ヤギの健康管理も大切なお仕事。ミルクを与えながら、それぞれの健康状態のチェックも欠かしません。

しっぽを振りながら、輪になってミルクを飲む子ヤギたち。

ヤギ用の哺乳器。それぞれの口からチューブが通っていてミルクを吸い上げられるようになっている。

子ヤギたちは夢中になってミルクを飲むので、あっという間に容器は空に。

牧場のオーナーに聞きました

ヤギ牧場を始めた理由

ルーラルカプリ農場の前身は、乳牛を専門に扱う牧場でした。明治43年の創業で、現オーナーの小林真人さんは4代目。サービス業の仕事を経験した後、お父様の牧場で酪農家として働きながら将来を模索。受け継ぐ際に、ウシからヤギに転換することに決めました。

「生産業をやるからには独自のブランドを作りたいと思っていました。ところが牛乳は販売ルートやブランドが確立されていて、新規参入に魅力を感じませんでした。そこで、国内では珍しいヤギのミルクに注目したんです」。試しにヤギを飼育してミルクを飲んでそのおいしさを知り、これならいいものが提供できると確信したそうです。

小林さんが一番実現したかったのは、自分の牧場で生産したミルクやチーズを場内のお店で味わってもらい、お客さんの喜ぶ顔を直に見る、ということでした。また、生産の現場でヤギた

1 牧場内のショップとキッチン。

2 ランチメニューの「パニーノランチ」。自家製フォカッチャの上にヤギチーズ、牛赤身肉、ルッコラがたっぷり。ヤギミルクのカフェラテも提供している。

3 お土産の定番チーズとヨーグルト、プリン。ソフトクリームもおすすめ。

4 場内にあるイートインスペース。

ちが働く様子を見てもらうことが食育につながり、そうやって感謝の気持ちや命、物を大切にすることを伝えることが、今の社会問題を解決するために重要だと考えていました。資金面など多くの問題を抱えながらも、応援してくれる人々に支えられ現在の工房が完成。２００６年にルーラルカプリ農場がオープンしました。

その後そんな思いは、オープン以来さまざまな生産者や飲食関連の人たちと関わっていくうちにより刺激をうけ、より価値あるモノや豊かな時間を提供できる場所にしたいと強く感じるようになったそうです。

「観光農場ではありませんが、ここでゆっくり過ごしながらヤギを通して命や食との向き合い方について何かを感じていただきたいです。そして、持続可能でより豊かで有機的なライフスタイルを見つけていただけることを願っています」と話す小林さん。子ヤギの販売もしますが、「売る前に必ず何度か相手の方に会ってお話して、どんな環境で飼うか、責任を持って飼ってもらえるか確認して譲るようにしています」と、ヤギのことを1番に考えた方針です。

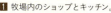

かんたん、おいしい

ヤギミルクレシピ

ヤギミルクやチーズを使って、
家庭で手軽に楽しめるレシピをご紹介します。
搾ったヤギミルクや、買ってきたヤギチーズで
ぜひ試してみてください。

教えてくれた人：熊井節子さん
（ギャルソンチーズ工房）

フランスの家庭料理研究家。チーズ作りをするご主人とともにフランス各地をまわり、レシピを習得。料理本や料理教室で活躍している。チーズを使ったレシピも多数考案。

Recipe 1

カッテージチーズ

さわやかな酸味のフレッシュチーズ。牛乳よりもキメが細かくなります。サラダに、デザートにと応用が利く一品。

材料

ヤギミルク	1000ml
お酢またはレモン汁	200ml

ワンポイントアドバイス

時間を短縮して量を多くとりたい場合は、牛乳を混ぜてもOK。ヤギミルク：牛乳＝7:3なら3〜4時間程で作れます。

1.

ミルクを鍋に入れ、弱火で40〜45℃になるまで温める。ホーローか土鍋など金属製でない鍋を使用する。

2.

1.に一気にお酢を入れる。

3.

木ベラで軽くかき混ぜる。お酢を入れるとすぐに分離が始まる。

4.

3.をザルの上に敷いたサラシの布に移し、10分ほど置いて分離させる。

5.

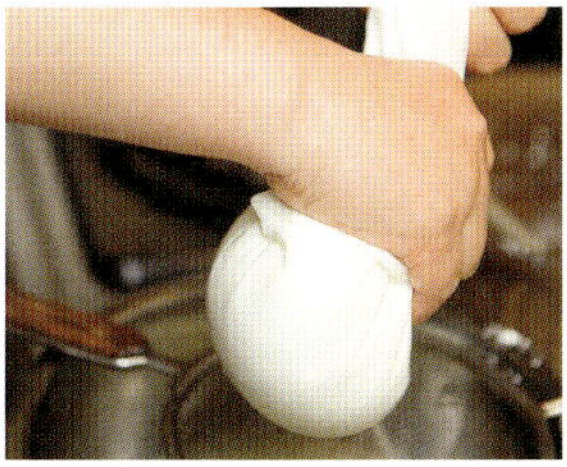

4.を布に包んで持ち上げ、上の部分を軽く絞って水分をしたたり落とす。下まできつく絞らないように注意。

6.

冷たい流水の中で、4〜5回ゆっくりもんで洗い、酸味を落とす。

7.

ザルの上にサラシごと移して5〜6時間置く。水分がしたたり落ち、水っぽくなくなったら完成。

1のチーズを使って作る

Recipe 2
キッシュロレーヌ

フランスの家庭料理の代表格。カッテージチーズを入れると
コクのあるまろやかな味わいに。他のチーズを使っても◎。

材料（直径18cmのパイ皿1皿分）

卵　中3個
塩・こしょう　少々
生クリーム　100cc
バター　20g
市販のパイ生地　25×25cm1枚
ベーコン　50g
アスパラ（短いもの）6本
カッテージチーズ　60g

ワンポイントアドバイス

チーズはカッテージチーズ以外でもOK。具は何でもお好みで。冬はアスパラをほうれん草に変えるなど、季節の素材で楽しんで。

1.

卵をボウルに溶きほぐし、塩、こしょうで調味し、生クリームを少しずつ加えながら混ぜる。

2.

バター（分量外）を塗ったパイ皿にパイ生地を敷き、皿の縁から1㎝高めに残してカットする。軽く押さえて皿になじませる。

3.

2.に細切りにしたベーコン、下ゆでしてスライスしたアスパラ、ちぎったチーズとバターをのせる。

4.

3.に1.を流し入れる。

5.

170度に熱しておいたオーブンの中段で約40分、表面に焼き色がつくまで焼いて完成。

1のチーズを使って作る

Recipe 3

かんたんティラミス

カステラを土台にして、さっと作れるお手軽なデザート。バナナとカッテージチーズの相性が抜群。

材料（1人分）

カッテージチーズ　50g
砂糖　15g
カステラ　厚さ5㎜に切ったもの1枚
コーヒーリキュールまたは濃いコーヒー　適量
完熟バナナ　適量
ココアパウダー　適量

1.

カッテージチーズと砂糖をスプーンでよく混ぜ合わせる。

2.

カステラを深めの皿に入れてコーヒーリキュールによく浸す。

3.

2. のカステラを別の皿にのせ、1. を少量塗り、輪切りにしたバナナを重ねる。

4.

その上にココアパウダーをふるい、1.を塗り、輪切りにしたバナナをのせてからまた 1. を重ねる。

5.

もう一度ココアパウダーをまぶして完成。

1のチーズを使って作る

Recipe 4
カナッペ

ワインのおともに、ホームパーティーにぴったりのオードブル。フレッシュタイプのチーズなら何でも応用できます。

A.
オリーブプラス
カッテージチーズを塗り、輪切りにしたオリーブをのせる。

B.
カッテージチーズとパテ
カッテージチーズとサーモンパテを1：1の割合で混ぜ合わせて塗る。サーモンの切り身を飾る。

C.
ジャムプラス1
カッテージチーズを塗り、イチゴジャムをのせる。

D.
バナナプラス
カッテージチーズを塗り、輪切りにしてさらに半分にカットしたバナナをのせる。

E.
ジャムプラス2
カッテージチーズを塗り、ブルーベリージャムをのせる。

F.
にんにく風味ハーブ入り
カッテージチーズ100gに、にんにくパウダー、タイム、塩・こしょう各少々を入れ、混ぜ合わせる。刻んだチャイブ(エゾネギ)をのせる。

Recipe 5
ヨーグルト

喉越しがさわやかな飲むタイプのヨーグルト。

材料（2人分）

ヤギミルク　500ml
プレーンヨーグルト　大さじ2

1. ミルクの半分を沸騰直前まで温める。
2. 火からおろし、残りのミルクを加える。
3. 42～45℃までさまし、プレーンヨーグルトを加えてよく混ぜる。
4. 魔法瓶に熱湯を注ぎ、出して水気を切ったら、3. を入れる。
5. 4. を布でくるみ、7～8時間、42～45℃を保てる暖かいところに置く。温度が上がりすぎないように注意する。
6. 粗熱をとり、冷蔵庫で冷やして完成。

Recipe 6
プリン

人が集まる時に最適の大きめサイズで作るプリン。

材料（直径18cmのケーキ型1個分）

［プリン生地］ 卵　3個　　卵黄　3個分
ヤギミルク　400ml　生クリーム　1/2カップ
砂糖　100g　バニラエッセンス　適量
［カラメルソース］ グラニュー糖　70g
水　1/4カップ　湯　1/5カップ
［その他］ バター　適量

1. 焼型の内側にバターを塗る。
2. カラメルソースを作る。鍋にグラニュー糖と水を入れ、飴色になるまで熱し、火からおろす。湯を加えて混ぜ、焼型に流し入れる。
3. ボウルに卵、卵黄を割り入れ、泡立て器でよく混ぜる。
4. 鍋にミルク、生クリーム、砂糖を入れ、弱火にかけながら混ぜる。
5. 砂糖が溶けたら火からおろし、少しずつ3. に流し入れる。よく混ぜてこし器でこし、バニラエッセンスを加える。
6. 焼型に5. を流し入れ、湯をはった天板にのせて160℃のオーブンで約40分焼く。焼きあがったら粗熱をとって冷やし、お皿に返す。

ヤギミルクを飲んでみよう

搾乳するには

ヤギは出産後、1週間ほどでミルクを搾って飲めるようになります。品種にもよりますが、日本ザーネンなど乳用種のヤギなら半年間ミルクが出続けるので、子ヤギが離乳してからでも十分搾ることが可能です。

搾乳は朝夕の2回にわけて行います。ヤギのミルクは臭いを吸収しやすいので、ヤギ舎から離れたところで搾るのが理想です。搾乳する場所はいつも清潔にしておきましょう。ヤギの乳房が搾りやすい位置にくる高さで搾乳台を作っておくと便利です。フタができる容器に搾り、搾り終わったら速やかにフタを閉め、外に持ち出すようにします。

搾ったミルクは、サラシ布などでこして細かいゴミをとります。保存する場合は、火にかけ、沸騰直前で火を止めて加熱殺菌してください。

搾る時のポイント

- 濃厚飼料を用意してヤギをひきつける。
- 搾る前に濡らしたタオルや紙で乳房を拭き、汚れを落とす。
- まず小さな容器に1～2回搾り、ミルクにかたまりなど異常がないか確認。この時搾ったミルクは、細菌が多いので必ず捨てる。
- 左右交互にリズミカルに繰り返し、手早く終わらせる。
- 搾り残しは乳房の病気の原因になるので必ず搾りきるようにする。
- 搾り終わったら、乳頭を消毒して雑菌が入るのを防ぐ。ウシ用の消毒薬などを利用する。

ミルクの搾り方

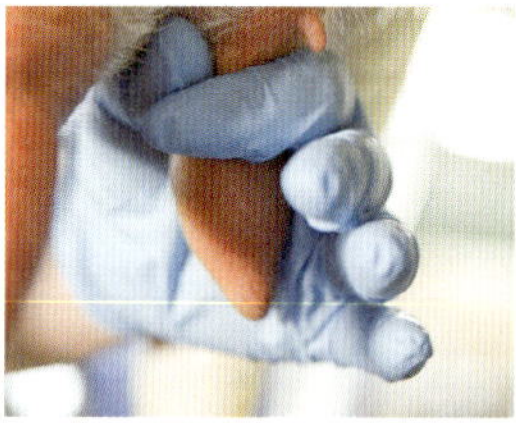

1. ミルクが逆流しないように、乳頭の根元を親指と人差指で押さえる。

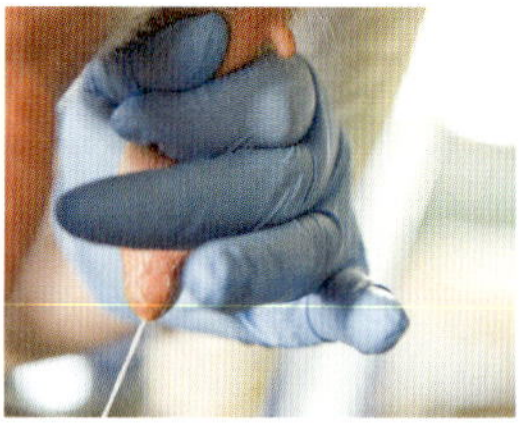

2. 中指で押さえる。

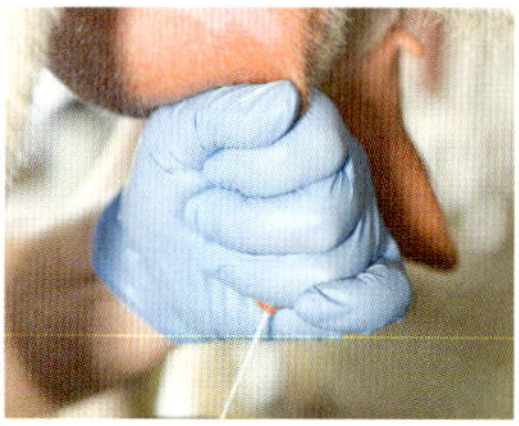

3. 薬指で押さえる。

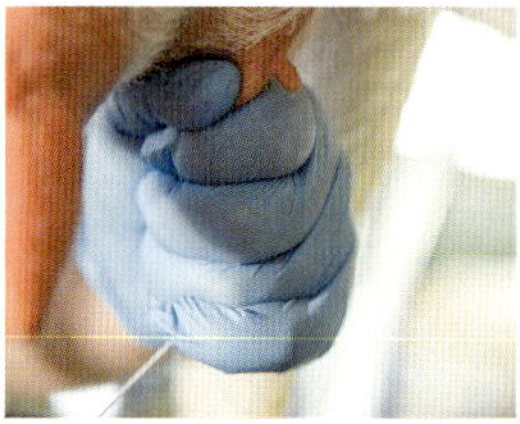

4. 小指まで押さえて搾りきったら、親指と人差指を緩め、1. から繰り返す。

ヤギミルクの特徴

ヤギミルクには良質の蛋白質をはじめ、ビタミン、ミネラルがたっぷり。喉越しがよく、レモン汁、蜂蜜を加えてもおいしく飲めます。臭いが気になる時は、ヤギが食べる草の種類を変えるか、青草より乾草を多く与えると、臭いがやわらぎます。

ヤギミルクの脂肪球は、牛乳より小さくなっています。このため、牛乳を搾ったら必ず機械で行う「均質化」という処理をしなくても、脂肪の粒が現れて飲みにくくなることがありません。だから特別な機器がなくても、家庭で搾ってすぐ飲むことができるのです。また、牛乳に含まれるアレルギーの原因物質、αS1-カゼインをほとんど含んでいないので、牛乳アレルギーの人でも飲めることがあります。別のアレルギー原因物質はヤギミルクにも含まれており、100%アレルギーを起こさないわけではないので注意してください。

ヤギミルクと牛乳の比較

ヤギのミルクで作ったカッテージチーズ(右)と牛乳で作ったカッテージチーズ(左)。ヤギの方がキメの細かいカッテージチーズができる。

カッテージチーズを作る時にこしとられた水分(乳清)。右がヤギミルク、左が牛乳のもの。ヤギミルクの方が脂肪球が小さいので、脂肪球が流れ出て白く見える。

yagi
column
1

ヤギミルク製品いろいろ

チーズやヨーグルト、お菓子、スキンケア用品など、
ヤギミルクを使って作られたさまざまなグッズをご紹介します。

• 茶臼岳

JAL 国際線のファーストクラスの機内食に採用されたこともある大人気のチーズ。臭みの少ないまろやかな味わい。（販売時期：4月～11月）／（有）那須高原今牧場

• サントモール

表面が木炭で覆われている、ヤギミルクだけで作られたチーズ。独特な風味と滑らかな舌触りで、サラダや料理のソースにもぴったり。（販売時期：6月～11月頃）／森のシェーブル館

• シェーブル

ヤギミルクだけで作られたカマンベールタイプのチーズ。柔らかい食感はそのままに、熟成とともにより一層独特な味わいに。（販売時期：6月～11月頃）／森のシェーブル館

• リコッタ　ラ・カプラ

ラ・カプラを作った際に出たホエーが原材料のヤギミルク100％のリコッタチーズ。ヤギミルクの甘みが感じられる、日本では珍しい一品。（販売時期 3月～12月）／ Y&Co（（有）吉田興産）

• ラ・カプラ、ラ・カプラplus

ラ・カプラは3～5ヶ月熟成のセミ・ハードタイプのチーズ。富山湾海洋深層水の塩を使い、香ばしいキャラメルのような香りが印象的。ラ・カプラをさらに6ヶ月以上熟成させたのがセミハードタイプのラ・カプラ plus。より濃厚で旨みが強くなっている。（販売時期：ラ・カプラ　通年、ラ・カプラ plus　11月～翌年 7月頃）／ Y&Co（（有）吉田興産）

• ヨーグルト ディ カプラ

栄養豊富で体に優しいヤギミルクから作ったプレーンタイプのヨーグルト。滑らかな舌触りで、豊かな風味が口いっぱいに広がる。／Y&Co（(有)吉田興産）

• 山羊乳と有精卵のプリン

原材料は農場のヤギミルクと指定農場の有精卵、砂糖、バニラビーンズだけ。とろけるような滑らかさとコクが味わえる、安心・安全でおいしいプリン。（販売時期：3月～11月頃）／ルーラルカプリ農場

• チーズケーキ3本＆パウンドケーキ3本セット

農場のヤギミルクで作ったニューヨークスタイルのチーズケーキとパウンドケーキのセット。地元の酒粕や有機みそなども使ったオリジナリティ溢れるスイーツ。／メイちゃん農場

• ヤギ乳石鹸

脂肪球が牛の1/6と小さく高い浸透力・吸収力・保湿力を誇るヤギミルクで作った軟らかい石鹸。苛性ソーダを使っていない低刺激性。／メイちゃん農場

• 山羊ミルク石鹸

ヤギミルクやアーモンドオイル、ホホバオイルなどの天然素材を使った職人手作りの石鹸。ふわふわの泡立ちでしっとりした洗い上がりに。／丸菱石鹸(株)（無添加石鹸本舗）

• レイヴィー ボディシャンプー ゴートミルク

ヤギミルク配合の弱酸性のボディソープ。保湿成分が角質層にまで浸透してしっとりとしたお肌に。甘いフローラル・スウィートの香り。／(株)アクシス

• レイヴィー クリームバス ゴートミルク（保湿入浴料）

クレオパトラが美肌を保つために使ったとされるヤギミルクのほか、ホホバオイルやシアバターも配合した保湿入浴料。フローラル・スウィートの香り。／(株)アクシス

ヤギで町おこしプロジェクト

出発進行! ヤギ駅長

長野県を走るしなの鉄道北しなの線牟礼駅には、ヤギの駅長が勤務しています。駅長効果で注目が集まる飯綱町の「ヤギ大活躍プロジェクト」とともに取材しました。

※情報は2017年時点のものです。

ヤギ駅長：ロール

品　　種：アルパインと日本ザーネンのミックス
年　　齢：5歳
性　　別：メス
出　　身：長野県佐久市の牧場メリーランド
性　　格：気品が高い。名前を呼ばれると「ベー」と返事をする頭のよさで駅長に抜擢。
好きなこと：名前を呼ばれること
苦手なもの：暑さと雨

駅長の帽子は飯綱町で用意した手作りのもの。ロールの頭に合わせたプチサイズ。

ヤギの駅長がお出迎え

北しなの線の牟礼《むれ》駅で電車を降りると、ホーム脇のパドックに2頭のヤギの姿が。駅長のロールと助役のクロオです。古くから飯綱町で飼育されてきたヤギに町おこしをかけた「ヤギ大活躍プロジェクト」の一環で、２０１６年８月に就任しました。

出勤は６～10月の天候のいい日曜日のみと限定されていますが、ヤギの駅長はたちまち話題に。就任式には各新聞社やテレビ局が集まり、台湾からも取材がありました。駅長が就任した２０１６年、近隣の駅の年間利用者が５％減少する中、牟礼駅は５％上昇。今も家族やカップルを中心に、多くの観光客がふれあいを求めて足を運んでいます。

パドックの中でふれあいもできる。駅長も助役も穏やかな性格で小さな子どもにも優しく応対する。

2016年8月上旬までは駅長不在だった牟礼駅。ロール駅長は初のヤギで女性の駅長。

ヤギ駅長のヒミツ大公開

その❶ 快適な駅長室

駅長室は牟礼駅の妙高高原方面行きのホームの隅に設けられたパドック。チップが敷き詰められた快適な環境です。

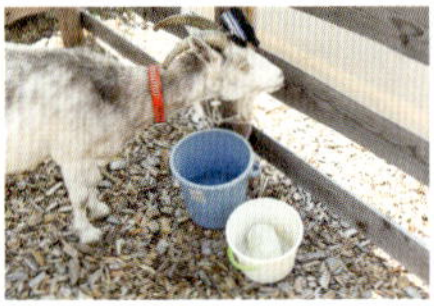

駅長室であるパドックにも、通常の飼育環境と同じように水や岩塩が用意されている。

直射日光や風を避けたい時にはパドック内のハウスに移動。雨が降ったら勤務終了となる。

入り口には漫画家のこばやしひろみちさんが描いたロールの絵つきヘッドマークがかけられている。

その❷ 大好物は…

やっぱり、草。もらった乾草や、駅長室周辺の草もモグモグ。飯綱山麓特産・花豆の枝や葉も、時々堪能しています。

お客さんとのふれあいのために、乾草も用意されている。

その❸ 缶バッジ

こばやしひろみちさんのイラストが入ったヤギ駅長特製記念缶バッジ。イベントでしか手に入らないレアグッズです。

缶バッジは毎年勤務初日や勤務最終日、イベントなどで配られている。デザインは3種類。

利用者の間でも好評。小さなお子さんもプレゼントされてにっこり。

その❹ ヘッドマークの掲示

車両にも取りつけられるヘッドマーク。勤務中はパドック、時間外は駅舎に飾られています。

駅長不在の時、ヘッドマークは駅舎のベンチの上に移動。ベンチに座って記念撮影ができる。

駅長の勤務中はヘッドマークをパドックに設置。代わりに駅長の居場所が掲示される。

その ❺ 助役は2頭!?

助役：クロオ

品種：日本ザーネン

年齢：3歳

性別：オス

出身：NPO法人飯綱高原よっこらしょ

ロールと仲がいいことから助役に抜擢されたクロオ。人が大好きで頬を撫でられると喜ぶ。

駅長の座を狙って
名札をパクリ！

余裕で頭突きに

たまに助役：ハナオ

品種：日本ザーネン

年齢：3歳

性別：オス

出身：NPO法人飯綱高原よっこらしょ

クロオが体調不良の時に3日間代役を務めた幻の助役。

その ❻ 飯綱高原から出勤！

駅長たちはNPO法人飯綱高原よっこらしょの所属。山の上の牧場から車で出勤しています。

通勤は軽トラックで。荷台に積まれた三角のスペースがロールとクロオの通勤シート。

落ちないように扉をロープで固定して出発。

2頭が普段いるのは飯綱高原の牧場。草刈りなどに活躍する飯綱高原メーメーズのメンバーでもある。

お嫁さんで農園代表の絵里さんにブラッシングされてうれしそう。お子さんもめーこちゃんと仲良しだそう。

4ヶ月で山下家にやってきためーこちゃん。手作りの小屋で暮らしている。

子ヤギがもらえる飼育プロジェクトも

飯綱町は、以前たくさん飼われていたヤギの頭数を再び増やすため、住民にヤギを貸し出し、赤ちゃんヤギが生まれたら所有権を譲り渡す飼育プロジェクトも行っています。2017年8月現在、4件の農家が参加。

その中のひとつ、山下フルーツ農園では、めーこちゃんというメスのヤギが飼育されています。「ちょうど息子夫婦に子どもが生まれたから、情操教育のためにヤギを飼うことにしたんです」と山下勲夫さん。庭にヤギ小屋を作り、1年前にめーこちゃんをお迎えしました。毎日ふれあったり、ミルクを絞ったりして、家族みんなでヤギのいる生活を満喫しています。

山下フルーツ農園では30種類近いリンゴを中心に、ブルーベリー、桃などを栽培。ジュースも販売している。

果物の木の枝葉はめーこちゃんの大好物。綱が外れて庭のリンゴの幹をむしって食べたことも。

敷地内のカフェでは、農園オリジナルのリンゴジュースが何種類も販売されている。

めーこちゃんが暮らす庭に面した母屋を「カフェ傳之丞」に改装。1組限定の農家民宿も行っている。

「いらっしゃいメー！」ロールもクロオもメーメーズの一員として、駅長と助役の仕事をがんばっている。

飯綱高原よっこらしょは遊休農地で花豆も栽培。独自のブランド「千稔花豆」を使ったスイーツ「ぷちヤギロール」なども販売している。

ヤギで地元をもっと元気に！

飯綱町に協力してヤギ大活躍プロジェクトを進めているNPO法人飯綱高原よっこらしょ。飯綱高原周辺の有志が集まり、遊休農地の活用と地域のコミュニティ活性化のために2007年に発足されました。昔から周辺地域で飼われていたヤギに注目し、ヤギ舎と放牧場を作って十数頭のヤギを導入。2014年にヤギによる草刈り応援隊「メーメーズ」を結成し、遊休農地の除草のほか、小学校や幼稚園へ派遣してふれあってもらう活動をしています。こうしてヤギが活躍の場を広げる中、ヤギ駅長が誕生しました。町を活性化させるヤギ大活躍プロジェクトとNPO法人の活動に、今後も期待が高まります。

NPO法人よっこらしょの代表理事、志村雅由さん。飯綱高原になじみのあるヤギと花豆を広げる活動をしている。

標高1000mに位置する「よっこらしょ農場」。自然豊かな飯綱高原の一画にある。

かわいく撮れる

ヤギ写真講座

かわいく撮ったつもりでも、なぜかコワイ表情で写ってしまうヤギ……。
ここでは、ヤギの写真を失敗しないでかわいく撮れる方法をレクチャーします。

Lesson 1. 目の中に気をつける

かわいい子ヤギの顔を、アップにして撮りましたが……黒目が横長の四角になって、貯金箱のようになっています。

小屋の中で撮影した子ヤギ。うるんだような瞳でキュートに撮れました。光が弱いところなら、顔をアップにしてもかわいらしく写ります。

ヤギの写真で最も大切といえるポイントが目。ヤギの目の中の黒目の部分（瞳孔）は、明るいところでは細くなり、暗いところでは大きく広がる性質があります。明るいところで撮ると、どうしても横長の細くて四角い黒目になり、目が怖い印象になってしまいます。アップで狙いたい時は、小屋の中や早朝、夕方など、光が弱い時が最適。目の瞳孔が広がることで、黒目がちのかわいい顔がおさえられます。

くもりの日に白っぽい空が目に映りこむようにしても、目の怖さを中和できます。

Lesson 2. 背景にも気を配る

せっかく一頭が目線をくれたものの、白いヤギの後に他の白いヤギが集まりすぎて、主役がぼやけてしまいました……。

草を食べているヤギの下からカメラを向け、手前に草原、上に青空が入るように撮影した写真。満足気なヤギの表情がひきたっています。

Attention!

頭突きに注意!

ヤギに近づいて撮影する場合は要注意。カメラを向けると、興味を示して近づいてくるヤギもいますが、じゃれるつもりで頭突きをすることがあります。写真に夢中になってカメラに頭突きされないよう気をつけましょう。

いい表情を狙えても、背景が悪くては、せっかくのかわいらしさも台無しに！　撮ろうとしているヤギの背後にバケツやフンなど写したくないものがあれば、移動させるか、自分が動いて、写らないようによけてください。特にフンなどは写り込みやすい要素なので気をつけて。白いヤギがたくさんいる場合には、主役の白いヤギの後ろに他のヤギが重ならないように。

また、同じ場所でも、下から見上げて青空をバックに入れたり、上から見下ろして草原をバックにしたりと、ベストアングルを探して楽しんでみてください。

Lesson 3. ここが狙い目！ ベストショットへの近道

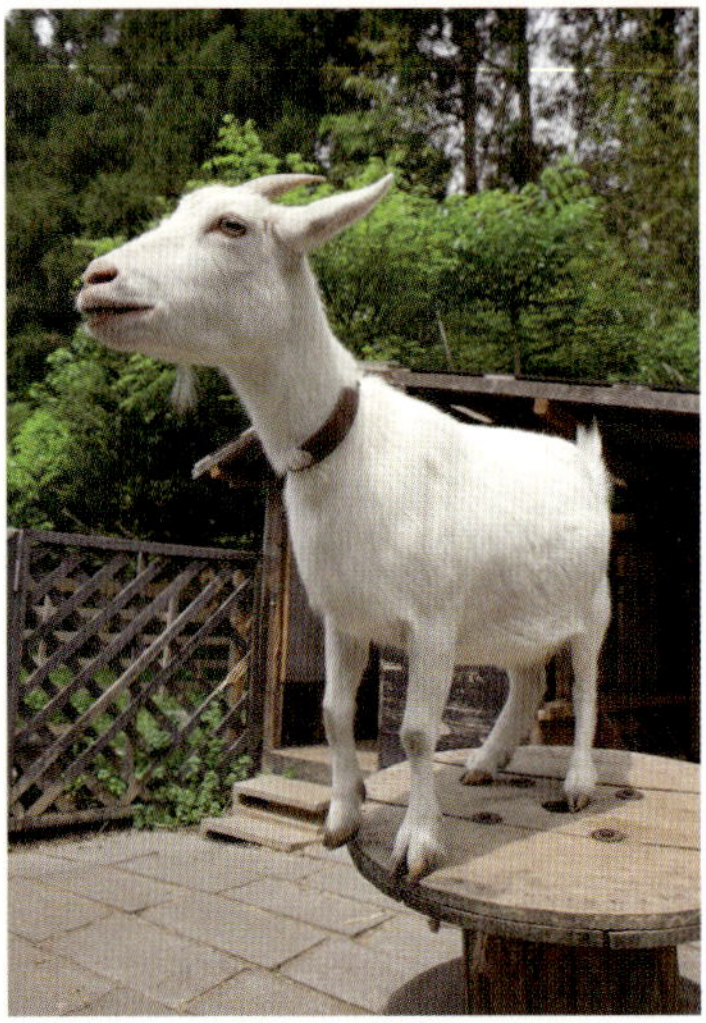

高いところにのぼった時を狙う

ヤギは高いところにのぼるのが大好き。木で作られた台や、土を盛り上げて作った丘など、高いところにヤギがのぼったら、ちょっと下の方からカメラを向けて狙ってみてください。「エッヘン！」と自慢しているような得意げな顔が撮れたり、そこからジャンプして飛び降りる決定的瞬間がおさえられたりと、表情や動きがあっておもしろい写真に仕上がります。

座っている時がチャンス！

草を食べているヤギは必死に食べ続けているので、何枚撮っても下を向いている写真ばかりになってしまうものです。そこで、顔をしっかり撮りたい時は、草を食べた後、主に午後から始まる反芻の時間を待ちましょう。どっしりと地面に座りこみ、顔を上げて口だけモグモグしている時がそうです。そんな時は写真も撮りやすいし、満足そうないい表情が狙えるでしょう。

ヤギ飼いへの道

〜もっと詳しく編〜

ヤギ学ことはじめ

世界のヤギの歴史

ヤギは家畜の中で最も古くから飼われており、イヌの次に人に飼われるようになったといわれています。最初に搾乳が行われたのもヤギで、チーズやバターなどの乳製品もヤギミルクから発明されたのだとか。ヤギが家畜化されたのは紀元前6000～7000年ごろ。西アジアのペルシャ地方でベゾアールという野生のヤギが飼い慣らされたのが始まりです。家畜化されたヤギは遊牧民によって東西に広げられ、各地の在来種の基礎となりました。

ヨーロッパでは、12世紀ごろ、子ヤギの皮がヒツジと同じように羊皮紙の原料になりました。18～19世紀には、粗食に耐えることから生きた貯えとして遠洋航海で船にも積まれました。そして次に立ち寄った時の食料源にするために、各地の島でヤギが放されたのです。

長い歴史の中で世界各地に広がっていったヤギは、現在、その97%がアジア、アフリカ、南アメリカなどの開発途上国で飼育されています。そして各国で肉、乳、革、毛を利用したり、除草に利用したりと、さまざまなシーンで活躍。世界の飼育頭数は年々増え続けています。

日本のヤギ史

日本には700～800年ごろ、中国大陸と東南アジアの2つの経路でやってきました。主に九州、沖縄近辺の島々に輸入され、小型のヤギが飼育されていました。このころからヤギ肉は貴重な栄養源だったそうです。ヤギの語源は、朝鮮語でヤギを意味する「ヤグゥ」がなまったという説があります。

乳用ヤギが入ったのは近代になってから。嘉永年間（1848～1854年）、ペリーが来日の際に飲用として持ち込んだという説がありますが、品種はわかっていません。そして明治11年に輸入が始まりヤギミルクが販売されました。

第二次世界大戦中には、乳用ヤギは農村で貴重な蛋白資源となり、全国に普及。戦後にはますます増えて、ヤギの飼育ブームといえる時代を迎えます。昭和32年には全国で乳用種と肉用種を合わせて約76万頭（沖縄県を含む）が飼育されていたそうです。その後、食料事情が改善され、昭和36年の農業基本法の制定でウシ、ブタ、ニワトリの多頭飼育が奨励されたのを機に、ヤギは激減。昭和53年には約4万頭にまで減りました。現在は3万頭前後で推移しています。

日本を食料危機から救ったヤギ。その後、爆発的なブームはないものの、近年になってヤギミルクが健康食品として注目されたり、潅木除去にヤギを使う自治体も増えたりと、再び脚光を浴び始めています。

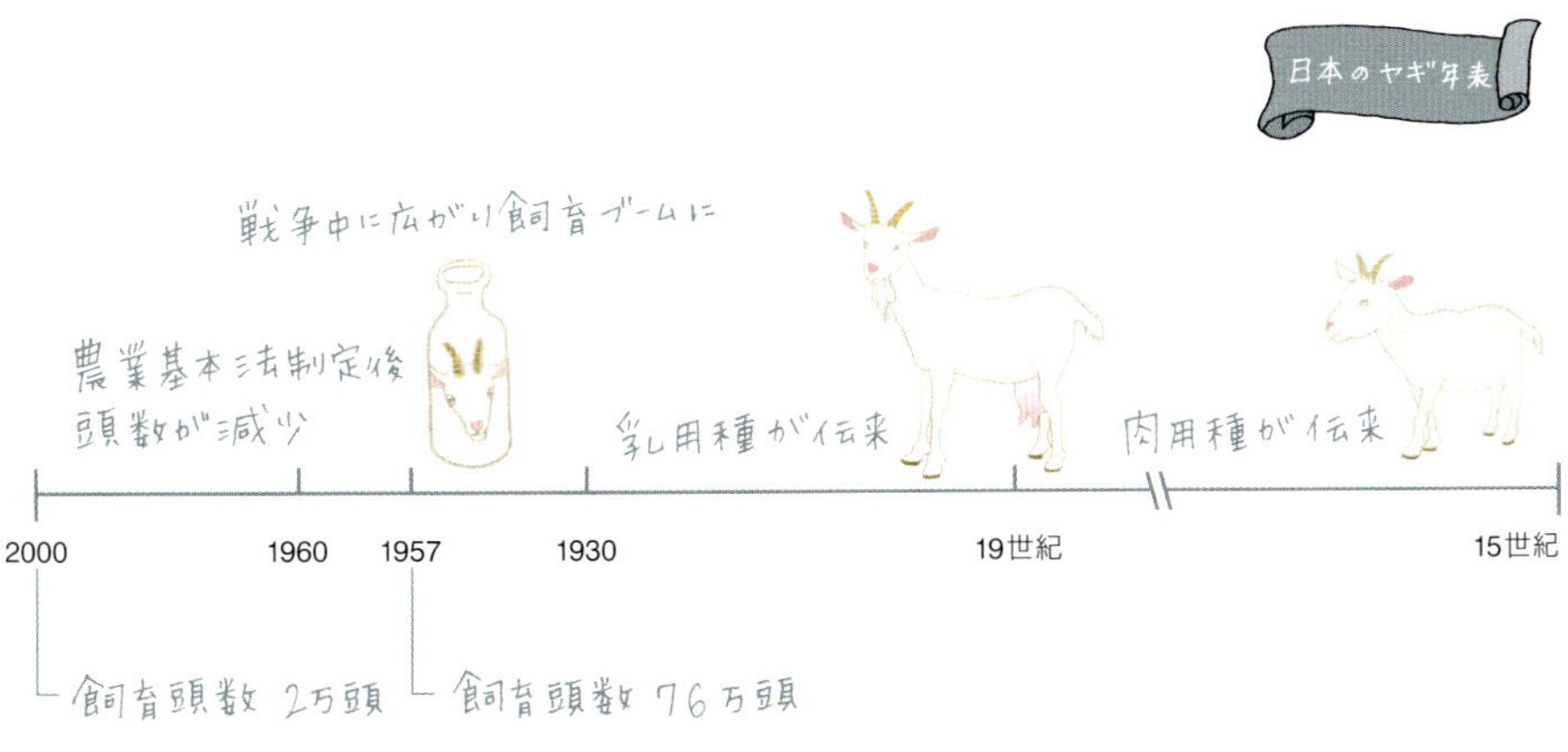

世界のヤギマップ

世界の飼育頭数：約10億頭

遊牧、半遊牧民が飼育

中国、モンゴルでは古くから遊牧民、半遊牧民の大切な家畜として飼われている。肉、ミルク、革の他、ヤギの毛がテントの材料として利用されている。

飼育頭数世界一

もともと飼育頭数が多かった中国。右肩上がりに飼育頭数が増え、インドを押さえて世界一に。ヤギ肉の生産量も世界一。

アンゴラヤギが飼われている地域

トルコ、南アフリカ、アメリカが主な産地。

チーズ生産の伝統がある

フランスはヨーロッパでヤギミルク生産量2位。ヤギのチーズは「シェーブル」と呼ばれ、古くから作られている。ヨーロッパでは他に、スペイン、ポルトガル、イギリス、ギリシア、ノルウェーなど各国でヤギのチーズが作られている。

1頭だけ隔離して飼うと法律違反に

スイスは動物保護法でヤギやヒツジを1頭だけ隔離して飼うことが禁止されている。同種の動物が見えるところで飼うことが義務。

カシミヤヤギの生産地

中国、モンゴル、イラン、イラク、トルコなどに広く分布。生産された毛が各国へ高級繊維として輸出される。

ひとりあたりのヤギミルク、ヤギ肉消費量世界一

ギリシアでは国民ひとりあたりのヤギミルク消費量が年間約45.6kg。2番目に消費量が高いスーダンの21.56kgと大差をつけて堂々1位。ひとりあたりの肉の消費量も世界で最も多い。ヤギの飼育頭数、ヤギミルクの生産量はヨーロッパー。

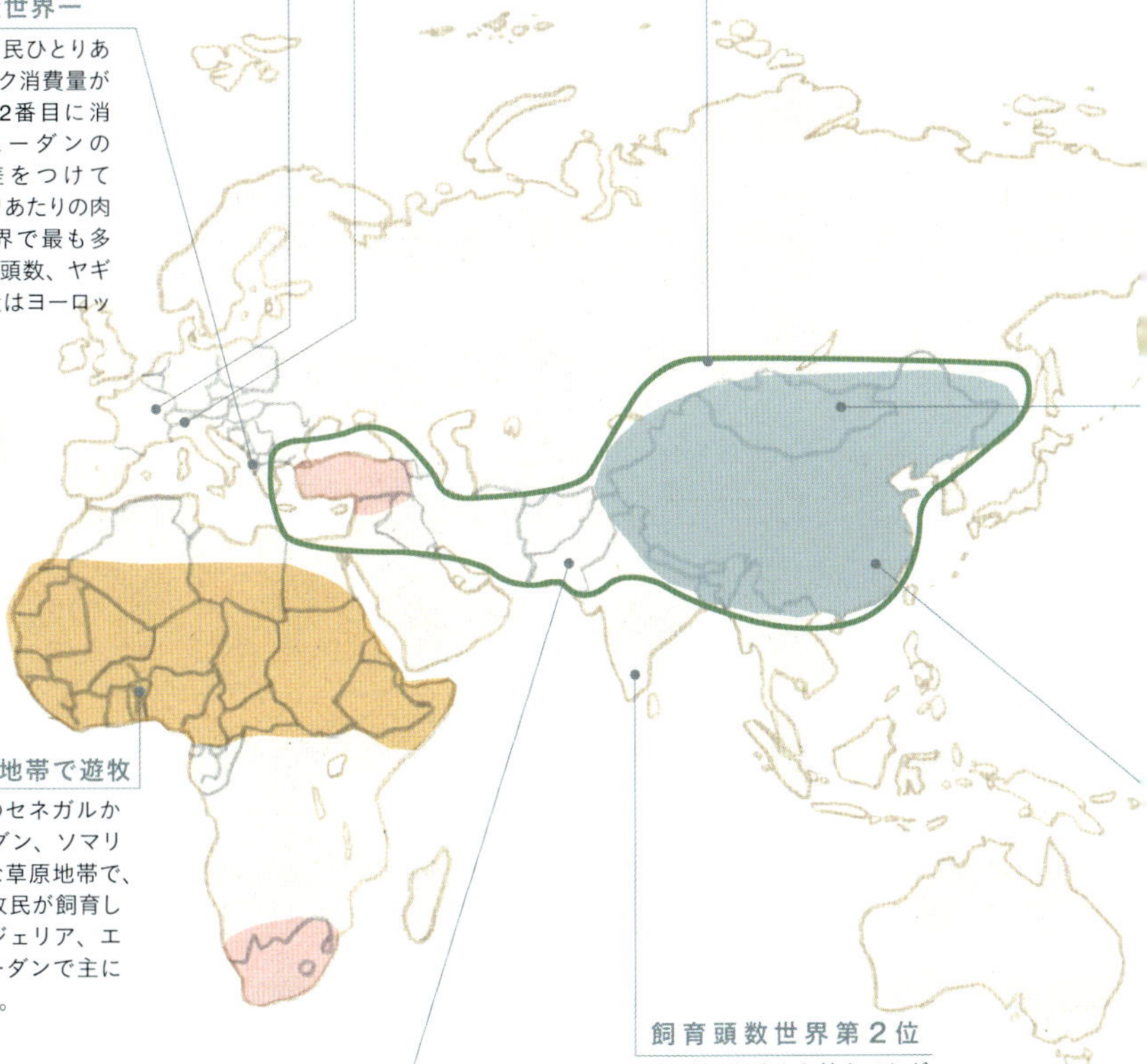

乾燥、半乾燥地帯で遊牧

アフリカ西岸のセネガルから東岸のスーダン、ソマリアまでの広大な草原地帯で、遊牧民、半遊牧民が飼育している。ナイジェリア、エチオピア、スーダンで主に飼育されている。

飼育頭数世界第2位

インドではウシと並んでヤギは重要な家畜。肉の需要が高い。皮革も利用する。

飼育頭数世界第3位

パキスタンでは乾燥地帯、半乾燥地帯でヤギが遊牧されている。ミルク、肉ともに生産量が高い。

ヤギの種類

世界のヤギは500種以上

現在、ヤギは世界で500種以上の品種がいるそうです。その種類は目的別に、乳用種、肉用種、毛用種にわけられています。乳用種はザーネン、トッケンブルグ、アルパイン、ヌビアンなど。肉用種はボア、スパニッシュなど。毛用種にはアンゴラやカシミアがいます。

品種の数が多い国は、中国が43種、パキスタンが25種、インドが20種といわれていますが、日本ではほとんどが日本ザーネンかシバヤギです。沖縄・九州の在来種は乳用ヤギとの交雑が進んだため、純粋種は珍しくなっています。

シバヤギ Shiba Native goat

メス

オス

九州南部で古くから飼育されてきた日本在来種。体重20〜40kg の小型のヤギ。ほとんどが白色で有角。肉ぜんがないものが多い。伴侶動物として人気が高い。

日本ザーネン Japanese Saanen

メス

オス

日本の代表的な乳用品種。日本在来種とスイス原産のザーネン種との交配で誕生。まっ白な毛に肉ぜんのあるものが多い。体重は50〜90kg。

トカラヤギ Tokara Native goat

メス

オス

日本にやってきた最初のヤギといわれる在来種。トカラ列島だけに純粋種が残る希少な品種。淡褐色、黒を基調とし、背中に黒い線がある。体重は20〜35kgと小型。

アルパイン Alpine

スイス、フランスのアルプス地方原産の乳用ヤギ。ヨーロッパ、北アメリカなどで飼育されている。褐色、灰色、黒、白に、背中に黒の線などさまざまな色、柄がある。

ピグミーゴート Pygmy goat

アフリカ原産。体重18〜30kgの小型のヤギ。黒、灰色、黄褐色を基調に白か黒の毛が混じっている。1950年にアメリカに導入され、動物園、学校などで伴侶動物として人気が高い。

ヌビアン Nubian

子ヤギ

アフリカ原産。アフリカ、ヨーロッパで飼われている。耳がたれているのが特徴。褐色、白、灰、黒に、差し毛、斑紋などさまざまな色柄がある。

ボア Boer

オス

南アフリカ原産。南アフリカ、中央アフリカなどで飼育されている肉用種。角があって鼻が大きく、耳が長くたれている。脚が太いのも特徴。体重は90〜130kg。

メス

カシミヤヤギ Cashmere

ヒマラヤ山脈、カシミール地方の原産。毛色は白、茶、黒など多様。頭と脚以外は20〜40cm の長毛で覆われている。その下に生える毛がカシミヤ(またはパシュミナ)で、高級綿毛として価値が高い。

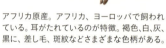

トッケンブルグ Toggenburg

スイスのトッケンブルグ谷原産。世界各地に普及している乳用種。毛色は褐色かチョコレート色。鼻や耳のまわりと脚が白い。泌乳期間240〜275日で、乳量は600〜700kg。無角で肉ぜんを持つ。

韓国在来種黒ヤギ Korean Native goat

メス

オス

韓国各地で飼育されている。西アジアから東南アジアへ渡ったベゾアール型肉用ヤギ、カンビン・カチャンが起源。毛色はほとんど黒一色。体重は15〜20kg。

アンゴラ Angora

中央アジアのアンゴラ地方の原産。たれ耳でらせん状の角を持つ。全身を覆っている白い毛がモヘアと呼ばれ、高級ビロードの原料になる。1頭から3〜5kg のモヘアがとれる。

 写真協力／全国山羊ネットワーク、はごろも牧場、マザー牧場、淡路ファームパークイングランドの丘

ミニヤギどんなヤギ?

ミニヤギは、ヤギの品種ではありません。小型のシバヤギやトカラヤギ、その雑種、ピグミーゴートなど、体重約10～30kgの小柄なヤギの総称です。雑種も含まれるので、ミニブタやミニウサギと同様に、ミニヤギだから必ず小さく育つわけではありません。シバヤギの純粋種は少なく、シバヤギと思っていても日本ザーネンの血が混ざっていて40kgを超えるなど、大きくなる可能性もあります。ミニヤギを飼う時は、大きさがわかっている大人のヤギを飼うか、大きく育っても飼い続けられる環境で迎えるようにしましょう。

日本で主にみられるミニヤギ(シバヤギ、トカラヤギ)は、日本ザーネンと比べて性成熟が早く(3～4ヶ月)、一年を通して繁殖できるという特徴があります。また、腰麻痺という蚊が媒介する病気の抵抗性を持っています(100%かからないわけではありません)。

yagi column 2

ヤギに会える場所

ヤギを見たい時、ふれあいたい時は、どこに行けばいいのでしょうか。ヤギに会える場所は、意外とたくさんあります。近場や旅先で検索して、足を運んでみてはいかがでしょうか。

観光牧場

高確率でヤギを見たりふれあったりできるスポット。エサやり体験ができることも。高いところを歩くヤギの姿が見られる「ヤギ橋」など、見せ方を工夫するところも増えています。他の家畜もいるので、ヒツジとヤギを間近で見比べることもできるかもしれません。

千葉県・マザー牧場のヤギ橋

動物園

小柄なヤギがふれあいに向いていること、家畜でもあるので命の大切さを伝えられること、などの理由からヤギを展示する動物園も多いもの。ふれあい広場にいることもあり、エサやり体験、飼育体験ができる場合もあります。生態を解説する看板などで、ヤギについて学べることも。

ヤギを飼っている牧場

ヤギミルクを生産する牧場は、観光牧場とは異なり、見学ができるところとできないところがあります。衛生面などの事情から、ヤギがいる場所まで入れないことも珍しくありません。ヤギに会えるか事前に確認が必要です。ヤギミルクやチーズを直売しているところへ買物を兼ねて行くのが良いでしょう。

動物ふれあい広場がある公園

有料・無料を問わず、大きな公園の中には、動物とふれあえる場所があることも。そのような場所には、やはりヤギがいることがあります。農業公園に多く見られますが、市営の公園にもいることも。近くにないか、チェックしておきたいスポットです。

宿泊施設やお店

自然が多い観光地には、敷地内でヤギを飼っているホテルやペンションなどがあります。また、ヤギを飼うカフェやレストランなどの飲食店も増えています。ふれあい目的で飼われているわけではないので、頭突きに要注意。それぞれの施設のルールを守ってヤギを見守りましょう。

 インターネットで探す際は、「関東　ヤギ　牧場」などで検索すればたくさん出てきます。まずはお住まいの近くで探してみてください。

コミュニケーションとしつけ

ヤギに学ぶ気持ちで日々のふれあいを大切に

長年ヤギを飼っている人は、鳴き声を聞けば、お腹が空いているのか、発情なのか、緊急事態なのかがわかるといいます。まずはよくふれあい、ヤギを知ることから始めましょう。

ヤギは家畜としての歴史が長いにもかかわらず、比較的野性味が残っている動物です。なついてもらうためには、毎日声をかけ、手をかけて世話をすることが欠かせません。そのうちヤギが人に心を許すようになれば、自分から意思表示や表情の変化を見せてくれるようになるでしょう。

ヤギとコミュニケーションをとる

ブラッシングする

イヌや家畜用のブラシ、タワシなどで毛並みに沿ってやさしくブラッシングしてあげましょう。清潔に保つことができ、お世話を楽しむこともできます。手で首筋をなでてあげるだけでも、落ち着いておとなしくなります。

お散歩をする

リードをつけて一緒にお散歩すれば、ヤギと人が楽しい時間を共有できます。子ヤギの時からよく人に慣れたヤギなら、リードがなくても人について歩きます。ハイジのようにヤギとかけまわって遊ぶことも夢ではありません。

ヤギにしつけをするには

ヤギの知能について詳しいことはわかっていませんが、ヤギも教えれば覚えてくれることがあります。

自分の名前もそうですし、ヤギの好きな草などを用意してしつけると、お手やトイレを覚えるヤギもいるようです。もちろん、しつけをする前に、しっかりとコミュニケーションがとれて人に慣れていることが前提になります。

そのヤギによって、覚えてくれるペースや、しつけやすいかどうかは異なります。自分のヤギと相談しながら、ゆっくりとできることを探してみてはいかがでしょうか。

ヤギにしつけはできる？

トイレを覚える？

ヤギはもともとトイレの場所を決めてする習性はありませんが、イヌと同じようにしつけて成功した例もあります。決まった場所でトイレをした時に誉めるか、エサで誘導しているうちに覚えることもあるようです。

名前を覚える

子ヤギの時に名前をつけ、呼んでからミルクをあげていると、そのうちに名前を呼ぶだけでよってくるようになります。ヤギによっては鳴いて返事をすることも。大人になってからも、毎日名前を呼んでからエサを与えましょう。

放牧をするには

ヤギの放し方は2パターン

晴れた日の日中に外に出て、自由に草を食べ、好きに歩きまわることはヤギにとって何より楽しい時間。ストレスも軽減されて健康に育つので、毎日実践したいことです。その方法には、放牧と繋牧《けいぼく》の2つのパターンがあります。

放牧は、柵で囲った敷地の中にヤギを自由に放す方法。繋牧はヤギを山や草原などでつなぎ、つないだ範囲で自由に草を食べられるようにすることです。土地が必要なことや柵を作る手間があるため、放牧しているケースは珍しく、繋牧の方が一般的のようです。

放牧、繋牧で注意すること

春になって放牧、繋牧を始める時は、突然草をたくさん食べると胃腸障害を起こしてしまうので、最初は短時間で終わらせ、徐々に長くしていきます。毒草がないか、除草剤がまかれていないか、ヤギが誤って食べてしまうゴミが落ちていないかを事前に確認しましょう。ダニや蚊など虫にも気をつけてください。

放牧、繋牧をする場所にも水飲み場を設置して、自由に水とミネラル（塩）を取れるようにしてあげましょう。強い日差し、雨を避けられるように、放牧場に簡単な屋根や小屋を設置し、繋牧をする際

繋牧、お散歩でロープが必要な時は

ヤギの首がしまらないロープの結び方を知っておきましょう。
もやい結びと呼ばれる結び方です。

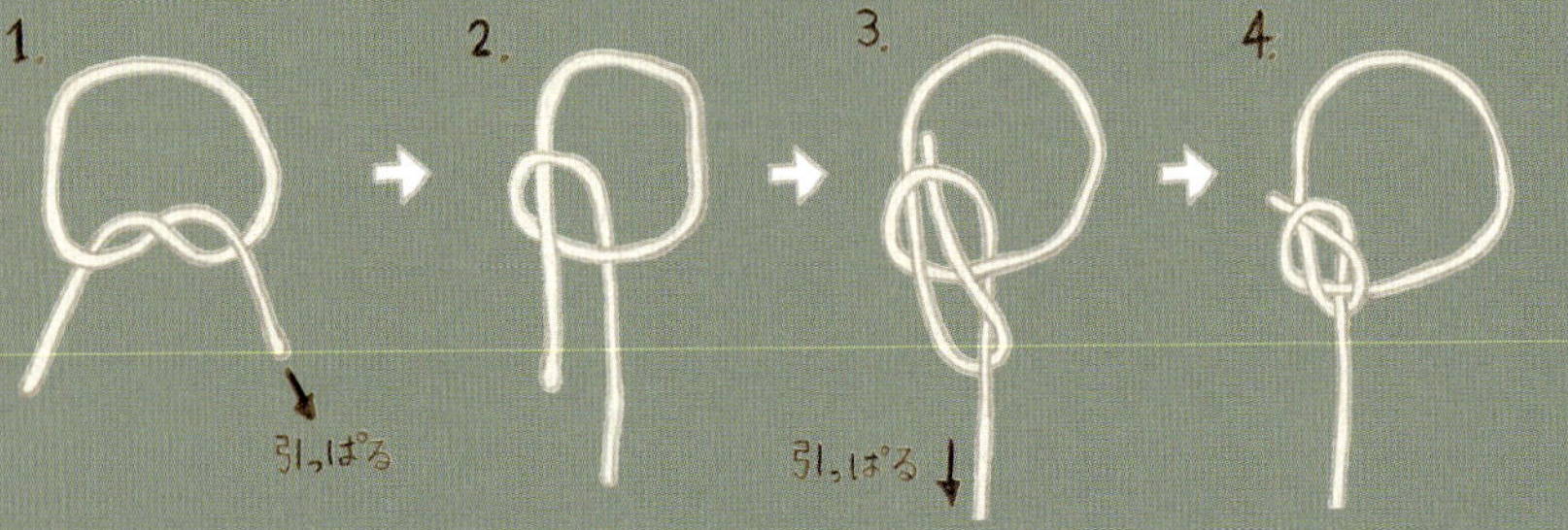

1. 図のように輪を作る。

2. 1. をヤギの首にかけ、ロープをねじって左右の手を持ちかえる。

3. 図のようにロープの片端で輪を作って通す。

4. 結び目が固くなるまでしっかりとひっぱる。

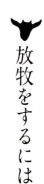

は木陰につないで快適な環境作りをしてください。

野外でのヤギの天敵は、野犬です。数頭に襲われるとかなわないので気をつけてください。子ヤギはカラスに襲われることもあるので、カラス対策も必要です。

繋牧で気をつけたいのは、ロープによる事故。首や体に巻きついて窒息や骨折など、思わぬ事故が起こることがあります。ロープは長くしすぎず、ねじれないよう端にナス環をつけるなどしてください。

また、堆肥が多いところでは、草が青っぽい色になることがあります。この草を大量に食べると、硝酸中毒を起こすことがあるので気をつけてください。

放牧の風景。何頭も飼う場合はこのスタイルが便利。

繋牧中のヤギ。お散歩を兼ねて、安全でヤギが好む草があるところにつないでおく。

イヌ用の首輪とリードを使うのも便利。デザイン、大きさがいろいろ選べるので、そのヤギにあわせて似合う色をあわせることもできます。ただし子ヤギは成長が早いので、すぐにきつくなってしまいます。生後６ヶ月までは毎月、1年までは２ヶ月に一度はサイズを確認してください。

ヤギと除草

全国でヤギが除草に活躍

今、全国でヤギによる除草を行う団体や企業が増えています。遊休農地や空地、土手や畦道など、活躍する場所はさまざま。除草目的でのヤギの派遣（レンタル）を行う牧場や団体、企業も増えており、飼っていなくてもヤギの手を借りて除草をすることができます。

ヤギはウシやヒツジと比べて選り好みが少なくさまざまな種類の草を食べ、斜面の草も難なく食べます。後ろ脚で立ち上がって背丈の高い草も食べますし、ウシより軽いので蹄の跡が残りにくく、除草に適しているといわれています。

除草をするには

ヤギが慣れた所から離れた場所で行う場合、ふだん多頭飼いをしていたら、2頭以上で行いましょう。1頭ではヤギが寂しがり、鳴いてしまいます。ヤギの放し方は前ページの放牧と繋牧があります。ヤギの安全を考えると放牧が理想的ですが90cm以上の柵でないと越えられることもあり、設置が難しいこともあるでしょう。繋牧をする場合はこまめに様子を見に行き、ロープが絡んでいないか、水は飲めているか、日が当たり過ぎていないか確認を。始める前には前ページの注意点をよく確認してください。

除草場所には看板を置き、ヤギに関する注意書き（触れたり、驚かせたりしないなど）や緊急時の連絡先を書いておくといいでしょう。

自宅の庭で行う場合は、大切な庭木や花まで食べられないよう離して繋ぎましょう。また、脱走して隣家の植物を食べないように注意しましょう。「生きた草刈機」とはいいますが、やはりヤギも動物。草を食べ残すこともあり、最後は人の手で刈ることもあります。家庭で飼われているヤギの場合は、エサを十分与えられていて草を選り好みし、思ったほど除草効果が得られないことも多々あります。そんな時はがっかりせず、少しでも草を食べて除草を手伝ってくれることに感謝しましょう。

除草と畑づくりをヤギが手助け

（栃木県　濵津伸生さん）

ハーブとアロマのお店「那須高原HERB's」を営む濵津さん。お店の隣でハーブを自然栽培しています。敷地内には2頭のヤギ、やしちくんともんじろうくんの姿が。春夏は毎日草だけを食べて、除草に協力しています。とはいえ、広い敷地で2頭だけでは除草は追いつきません。実際は濵津さんと二人三脚で人も雑草を刈りながら畑を維持しています。

「以前はハーブの間に生えた雑草を刈ることは無駄なものを取る作業でしたが、ヤギを飼って雑草がエサになってから、自分にとって意味のある行動に変わりました」と濵津さん。また、ヤギが草を食べる姿を見ていて、雑草の自然の摂理を目の当たりにしたといいます。

「春には草の滋養が多くなり、夏は水分が多くなる。草にもちゃんと旬があり、種がつく頃が植物にとって食べてもらいたい時期で、動物にとっても美味しいようにできていることを、ヤギから学びました」。ヤギが美味しく草を食べられるよう、あえて伸ばしておくこともあるのだそう。自然の在り方を受け入れることで、ハーブも丈夫に育ち、ヤギも病気をすることなく元気に暮らしています。

緩やかに畝を作り、自然栽培でハーブを育てている畑。

フンを堆肥に

草と小屋に落ちたヤギのフンと尿に、石灰、米ヌカ、油粕を混ぜ、ブルーシートを被せて保管。1週間ごとに天地替えをすると発酵して堆肥になるが、発酵前に畑に撒き、虫に分解してもらうことが多い。

病気を媒介する蚊対策

1 蚊除けにハーブ水をスプレー。100mlの水にラベンダー、ティートゥリーのオイルを各10滴入れたもの。

2 天然成分でできた蚊除けの線香を焚くことも。蚊が媒介する腰麻痺にかかったことがあるので蚊対策は念入りにしている。

3 ハーブティーや精油、苗などを扱うショップにカフェを併設した「那須高原HERB's」。お店の裏手にヤギ小屋がある。

日陰を選び、杭をさしてヤギを繋いでいる。首輪とロープはナス環でつないで絡みにくいようにしている。

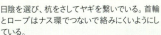

繁殖について

繁殖のサイクル

もしミルクをとりたいなら、出産が不可欠です。そうでなくても、親子で飼いたい時、子ヤギを産ませたい時は、ヤギは安産で繁殖しやすいので繁殖にチャレンジしてみてください。

ヤギは生まれた年の秋から繁殖できますが、十分に成長してからにした方が親ヤギにとって安全です。２歳以降からにするのがいいでしょう。ヤギには一年の中で繁殖できる時期が決まっているタイプと年間を通して繁殖するタイプがいます。一般に、ザーネン種のヤギは前者で、シバヤギやトカラヤギなどは後者といわれていますが、同じ種類でも地域（特に緯度の違うところ）によって異なります。

繁殖期には約21日ごとに発情を繰り返し（受胎すると発情はこなくなる）、1回の発情は24～48時間ほど続きます。

繁殖に備えて

無事に交配して元気な子ヤギを産むためには、事前の準備も大切です。まずメスは、夏の暑さに負けない体力づくりを心がけましょう。暑さで食欲が落ち体力が衰えると、発情が遅れがちに。涼しい時間帯に十分運動させ、濃厚飼料も与えてよく食べさせてください。太りすぎると妊娠しにくくなってしまうので、与えすぎには気をつけましょう。

一方、オスの方も、夏の管理はメスと同様に。さらに発情がくると食べることも忘れてメスを追い、体力を消耗してしまいます。この時期は体重の変化に注意して、濃厚飼料を増やすなどしてあげましょう。足にも負担がかかるので、交配時期の前に削蹄しておいてください。

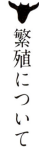

交配する時は

去勢していないオスは臭いがきつく、気が荒くなるので、一般家庭ではオスとメスをつがいで飼うケースはまれです。大抵は、自分のメスを牧場などオスがいるところに預けるか、オスを借りてきて交配させます。

発情期間は1～2日間くらいなので発情したらその徴候を見逃さずに。ヤギの発情徴候はわかりやすいものですが、中にはわかりにくいヤギもいます。一度逃してしまうと、次の発情がくるまで20日以上待つことになるので気をつけてください。朝と夕方、夕方と翌日の朝というように2回交配させると、受胎率が上がるといいます。

このように、自然にオスとメスを交配させる自然交配という方法のほか、普及はしていませんが、人工授精の技術も確立しています。

メスの発情徴候

- 叫ぶように鳴き続ける
- しっぽをよく振る
- 落ち着きなく歩きまわる
- メス同士で体に乗り合う
- 外陰部の充血、腫脹

去勢していないオスヤギは体が大きく、独特の臭気を持つ。

ヤギの交配は短時間。長期間一緒にするよりも、発情がきてから短期間だけ一緒にすると、交配日時が正確にわかる。

妊娠と出産

妊娠の判断

妊娠したヤギは次の発情がこないので、交配した後に発情がこなければ、妊娠と判断します。ただし、ヤギによっては妊娠していても発情したり、不妊でも発情がこなかったりすることがあるので、100%とはいえません。

ヤギの妊娠期間はおよそ5ヶ月。平均150日前後で、143〜157日の間に分娩します。日本ザーネンより、シバヤギなど小型のヤギの方が、妊娠期間が短くなる傾向があるそうです。初産のヤギなら妊娠中期、出産経験があるヤギは後期に乳房が張って、腹部が大きくなります。後期には、ゆっくり腹部を持ち上げた時に、胎児の感触が確認できるでしょう。

生まれる子ヤギの頭数は平均1.8頭。双子の確率が高いです。

出産までの管理

多頭飼いしている場合、他のヤギの角があたって流産する危険があるので、妊娠したヤギは別にして1頭だけで管理してください。

妊娠3ヶ月めに入ると、胎児がお腹の中で大きくなります。このころには、粗飼料をいつもの10〜30%増やして十分な栄養を与えましょう。そして3ヶ月めの終わりごろから、母ヤギのお腹は急速に大きく膨らみ始め、だんだん活発に動かなくなるので、適度な運動をさせましょう。出産に伴う病気の予防になります。

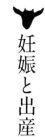

分娩前から分娩後の管理

予定日の1週間前になったら、分娩徴候がないか確認しましょう。分娩する場所を温かく清潔にして、乾燥したワラなどをたっぷり入れておきます。分娩の数日前には、お乳が張って食欲が落ちます。このころには濃厚飼料を控え、できればフンをやわらかくして分娩を助けるフスマを与えてください。

陣痛が始まると、母ヤギは落ち着きがなくなり、よく鳴いて、歩きまわったり、立ったり座ったり、排便・尿を繰り返すように。陣痛の間隔が短くなると、第一破水がおこり、陣痛はさらに重くなります。羊膜に包まれた胎児が見え始め、羊膜がやぶれると第二破水です。胎位が正常であれば、この後すぐに出産します。双子なら、短時間の間に続けて次の子ヤギが生まれます。

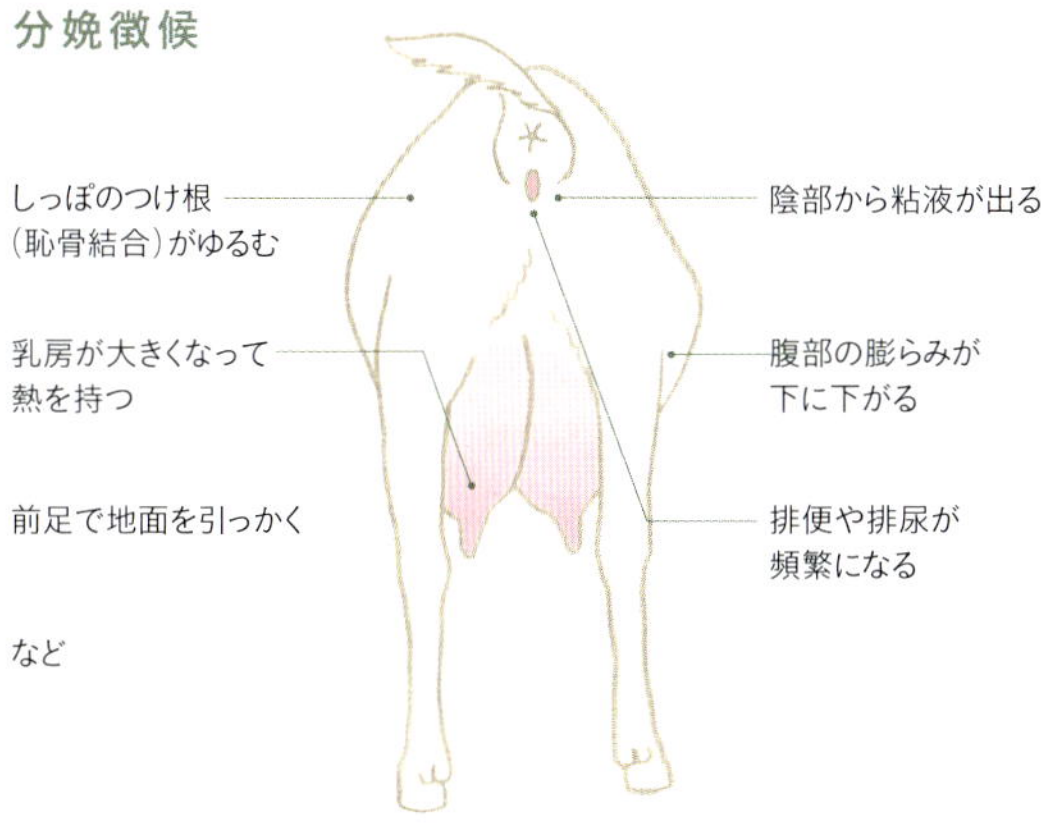

母ヤギは出産後すぐに子ヤギの羊膜を舐めとっていきます。生後30分ほどで、子ヤギが立ち上がって自分でミルクを飲む姿が見られるでしょう。母ヤギが子ヤギを舐めない場合は、羊膜を破りタオルで口のまわりから拭いてあげてください。体をこする刺激で、子ヤギの動きがよくなります。産後1～2時間後には後産《あとざん》（胎盤）が降ります。

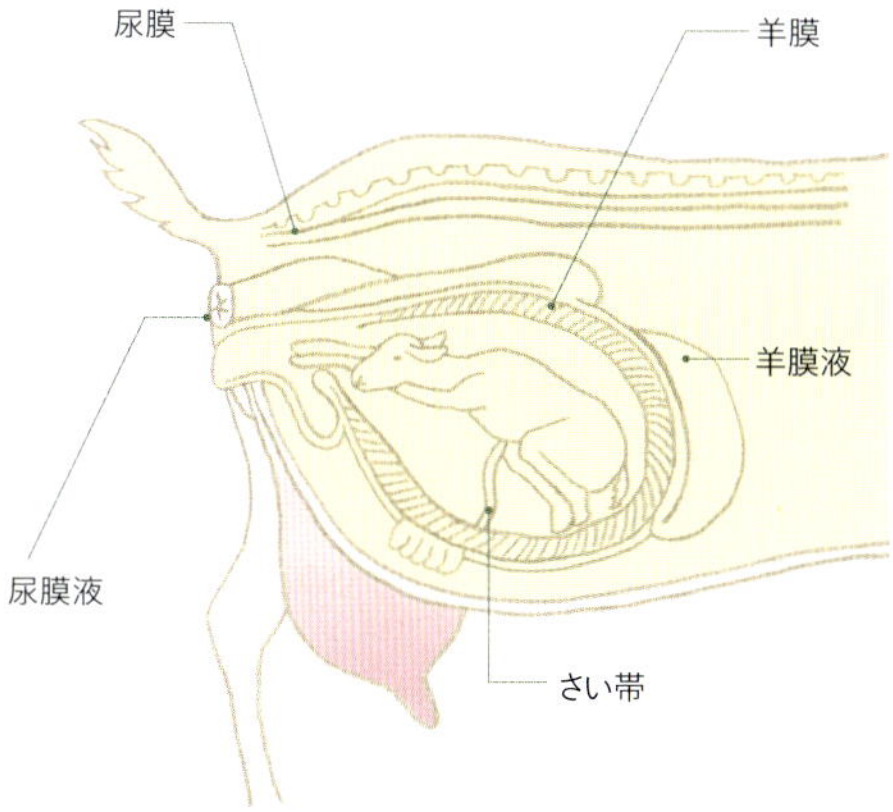

分娩にかかる時間は1～3時間。基本的に安産ですが、なかなか出産しない場合は、人の介助が必要になります。

子ヤギが生まれたら

子ヤギの成長

出産直後に出るミルクは初乳といって、子ヤギが生きるために必要な免疫をつける成分が入っています。産後はできるだけ早く（2時間以内が理想）初乳を飲ませ、最低でも1週間は母ヤギが出すミルクを与えてください。

生後10日ごろには、草や濃厚飼料を口に入れたり、舐めたりして遊び始めます。草を食べることで、子ヤギの胃は草を消化できるように育つので、草は自由に食べられるようにしておきましょう。生後1ヶ月を過ぎたら、徐々にミルクの量を減らし、固形物を食べる量を増やしてください。そして2〜3ヶ月で完全に離乳。離乳の時期は、子ヤギの発育や、固形物を食べる量を見て判断してください。離乳後から1歳を迎えるまでは、蛋白質やカルシウムの多い飼料を与えて、子ヤギの成長を助けてあげましょう。

自然哺乳と人工哺乳

子ヤギが自由に母ヤギのミルクを飲めるようにして育てることを自然哺乳といい、反対に、子ヤギを母ヤギから放し、人がミルクを飲ませて育てることを人工哺乳といいます。母ヤギが育児放棄する場合や、人によくなつくようにしたい場合は人工哺乳で育てます。1日あたり子ヤギの体重の約5分の1のミルクを40℃に温めて与えてください。哺乳瓶や人工哺乳器を使うか、口が広い容器に入れて飲ませます。温度が低いと下痢をすることがあるので注意。人工哺乳を行う場合、ヤギの代用乳が国内で売られていますが、入手できない場合は人用の粉ミルクをお湯で溶いて与えます。

去勢と除角

去勢と除角は、成長してから行うとヤギにとって大きな負担です。除角は生後7〜10日、去勢は生後3ヶ月で行います。除角には、電気ゴテをあてるか、薬品（苛性カリ）を塗りこむ方法がありますが、どの方法も苦痛を伴うもの。少数で飼う場合は必須ではないので、行うかどうかは飼い主さんが判断してください。オスのヤギを繁殖させない場合は去勢をした方が扱いやすく、臭いも抑えられます。ゴムバンドで睾丸の血流を止めて壊死させる方法、切開して睾丸を摘出する方法があります。どちらも、まずは詳しい人や獣医さんに相談してみましょう。

子ヤギは好奇心旺盛で、歩き回って遊ぶのが大好き。なるべく広い場所で運動させ、足腰が丈夫なヤギに育てて。

健康管理

少しの異変に気づけるよう毎日よく観察を

ヤギはもともと丈夫でがまん強い動物です。正しく飼えばあまり病気はしませんが、重態になるまで病気の徴候を出さないので注意してください。明らかな症状が出た時には手遅れのことも多いのです。日ごろからヤギの状態をよく観察し、軽症の段階で異常に気づくことが、ヤギ飼いの使命です。

そこで、下に見ておきたいチェックポイントをあげました。毎日よく観察することで、そのヤギの健康状態がわかってくるようになるので参考にしてください。

健康チェックポイント

※太字は特に日常管理で欠かさず見ておくべき項目

耳
- 正常に動いているか
- 耳だれはないか

心臓
- 心拍は正常か（正常値は1分に70～80回。子ヤギは100～130回）

お尻
- **排便はあるか**
- **フンの様子は正常か（コロコロのフンは正常、ブドウ状は軽い下痢、粒状でない軟便は下痢、液状はひどい下痢）**
- **排尿はあるか**
- **尿の色・臭いは正常か**
- しっぽの動きは正常か
- 尿の汚れはないか
- フンの色・形・硬さは正常か

鼻
- 鼻汁が出ていないか
- 湿り気があるか

目
- 正常に動いているか
- 目ヤニはないか
- 角膜に濁りはないか
- 結膜は紅色か
- 涙は少量か

口
- 汚れがないか
- よだれが垂れていないか
- 口臭がないか
- 呼吸は正常か（正常値は1分に12～15回）
- 咳はないか

乳房
- 左右は均等か
- 色・張りは正常か
- 皮膚の温度は正常か
- 傷はないか
- ミルクは正常か

お腹
- 動きがあるか（反芻・消化しているか）

その他
- **食欲はあるか**
- むくみはないか
- 毛ヅヤはいいか
- 姿勢・歩様は正常か
- 脱毛はないか

蹄
- 形は正常か
- 腫れはないか

ヤギの平熱 38.5～40.5℃（子ヤギは39.0～41.0℃）
微熱41.0～41.5℃　高熱42℃以上

こんな病気には特に要注意！

1年で最も気をつけたいのは、夏。蚊が媒介する腰麻痺という病気になりやすいので、予防薬の投与や蚊の対策が必要です。また、ヤギは寄生虫による死亡率が高くなっています。特に子ヤギには注意してください。蹄の病気も多いので、歩き方にも注意しましょう。

4つの胃を持つヤギは消化器のトラブルも多い動物です。栄養状態がよければ病気になりにくく、回復力も強くなるので、エサの内容には十分気をつけてください。栄養状態の目安となる、ヤギの太り具合を見る表もあげました。太りすぎても健康に支障をきたすので、チェックしてみてください。

ヤギのボディコンディションスコア

体の脂肪のつき具合を数値化した、ボディコンディションスコアの表をご紹介します。

スコア		区分	状態
1	やせ	極端にやせている	極端にやせて弱っている。
2	やせ	非常にやせている	極端にやせても弱っていない。
3	やせ	非常にやせている	肋骨がすべてわかる。棘突起が飛び出てとがっている。筋肉が退化して脂肪がまったくない。
4	適度（通常のヤギが該当）	ややややせている	ほとんどの肋骨がわかる。棘突起がとがっている。背中の筋肉の上にわずかに脂肪がある。
5	適度（通常のヤギが該当）	中程度	棘突起は触ればわかるがとがっていない。
6	適度（通常のヤギが該当）	肉付きがよい	肋骨が不明瞭。棘突起がとがらず丸くなっている。
7	肥満（妊娠ヤギの危険ゾーン）	太り気味	肋骨がわからなくなっている。背中の上にかなり脂肪がついている。
8	肥満（妊娠ヤギの危険ゾーン）	肥満	肋骨も棘突起も触ってもわからない。
9	肥満（妊娠ヤギの危険ゾーン）	極端な肥満	体全体に脂肪がもりあがっている。

「めん羊・山羊技術ハンドブック」　山羊のボディコンディションスコアより

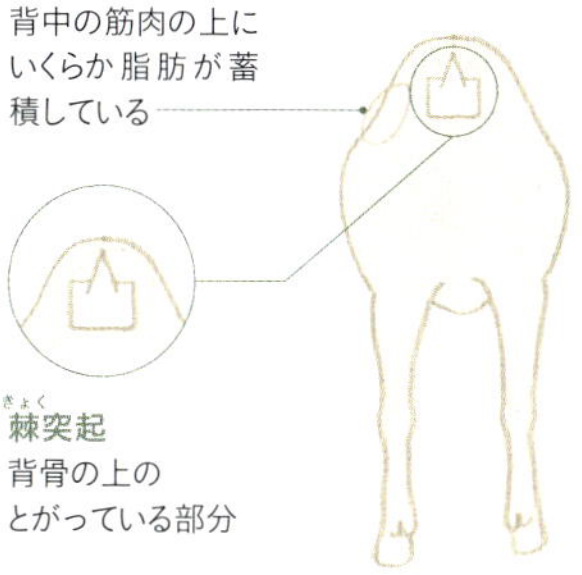
背中の筋肉の上にいくらか脂肪が蓄積している

棘《きょく》突起
背骨の上のとがっている部分

標準
棘突起は触るとわかるがとがっていない

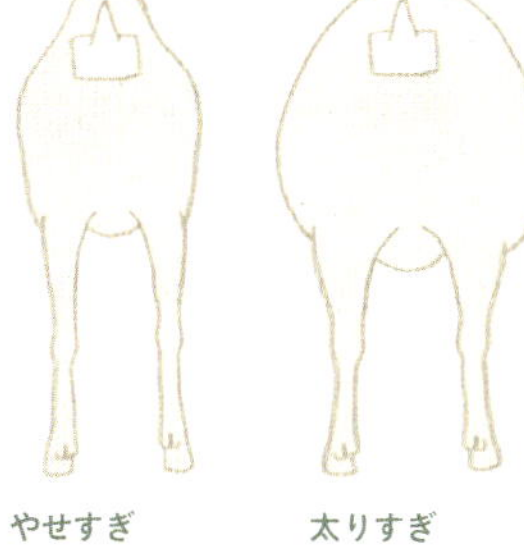

やせすぎ
後ろから見るとぺったんこ

太りすぎ
後ろから見るとまん丸

長く一緒にいるために

ヤギが高齢になったら

ヤギも高齢になってくると、体力や運動機能が落ちることでケガをしやすくなったり、免疫力が落ちて病気がちになったりと、若いころよりもより注意が必要になります。愛ヤギには、できる限り長く元気に生きていてほしいもの。そのために飼い主にできることは何でしょうか。

まず、長く一緒にいるために1番にできることは、若いうちから日頃の健康管理をきちんと行うことです。ストレスをためずに健康で過ごすことが長生きのポイントであることは、どんな動物でも同じこと。126ページにあげた健康チェックポイントを毎日見ていれば、異変があった時には自然と気がつけるようになるでしょう。日頃からできることとして、ヤギが元気であればエサの内容は変えないようにする、ストレスのない環境で飼育することを心がけてください。

そして、ヤギの老化が始まるといわれる6～7歳になったら、もしくは年を重ねて弱くなってきたと飼い主さんが感じたら、診てもらえる獣医さんを確認しておきましょう。飼う前に探した獣医さんや、飼い始めに診てもらった獣医さんがいても、その後ヤギが健康に長生きした場合、高齢になった頃には移転や廃業の可能性があります。もしもの時に焦らないように備えておきましょう。

そのほか、具体的な注意点を左にまとめました。何歳から老化が見られるかはヤギによって異なりますが、大きなトラブルになる前に気づけるように、日頃から気をつけてみてください。

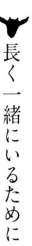

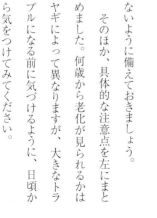

ヤギが高齢になっておこる問題と対処

運動機能が落ちて足腰が弱くなる

小屋の入り口が高くて入りにくい、お気に入りの高い所に登りにくいなど、段差を越えにくそうにしている場合はスロープをつけるなど、飼育環境の見直しを。

歯が抜ける、奥歯が摩耗して固いものが食べられなくなる

切ったり砕いたりしてエサを細かくする。やわらかい飼料を増やす。

神経質になり、こだわりが強くなる

できる範囲でヤギの希望が叶うようにして、ストレスを最小限に（ヤギのストレスについては69ページを参照）。

免疫力が下がり、病気が増える

受診できる獣医さんを確認しておく。日頃の健康チェックを念入りに。

多頭飼いの場合、若いヤギにエサを奪われることがある

他のヤギと離して個別にエサを与える。

攻撃性が増すことがある

小さな子どもや小動物は近づけないようにする。来客などにはそのヤギの性格を説明して、注意を呼びかけておく。ヤギがストレスを抱えていないか、飼育環境をよくチェクする。

12歳

16歳

高齢ヤギの飼育を楽しむ

ヤギが高齢になると、どうしても問題点ばかりが気になりますが、悪いことばかりではありません。ヤギも年齢を重ねると、表情に深みがでてきます。長年一緒にいる飼い主さんだけが感じる部分もあるかもしれませんが、表情が読み取りやすく、意思疎通がしやすくなることもあるといいます。おもしろい表情を見せた時は、シャッターチャンス。良い写真を撮影できるのは、子ヤギの間だけではないのです。長ければ15歳以上生き、20・8歳まで生きたという報告もあるヤギ。129ページにあげた必要なことに気をつけながら、ゆったりと幸せな老後を過ごしてもらい、ご長寿を目指してみてはいかがでしょうか。

お別れの時に備えて

いつかは必ずやってくる、お別れの時。大切に飼ってきたヤギに安らかに眠ってほしい、と願うのは当たり前のことです。でも、ヤギの亡骸を、許可を受けた施設以外で処理することは法律で禁止されています。自分の所有地であっても、勝手に埋葬してしまうのは違法です。地域の死亡獣畜取扱場の許可を受けている業者で処理してもらうことになります。また、伝染病が疑われる病気でヤギが死亡した場合は、検査が必要となることもあります。

したがって、死亡したヤギの取扱いについては、伝染性の病気が疑われる場合には都道府県の家畜保健衛生所へ問い合わせ、病死以外（事故や老衰など）の場合には化製場法等を所轄する自治体の保健所に問い合わせてください。

原因不明の突然死など、死因となる病名がわからない場合も、念のために家畜保健衛生所へ確認するようにしましょう。

ヤギの死と法律

化製場等に関する法律

この法律により、死亡したウシ、ウマ、ブタ、ヒツジ、ヤギを、許可を受けた施設以外で処理（解体、埋却、焼却など）することは禁止されています。

家畜伝染病予防法

この法律に基づき、2005年から1歳以上のヤギが死亡した場合は、家畜保健衛生所でTSE（伝達性海綿状脳症、別名スクレイピー）検査を受けることになっていましたが、2016年6月から原則廃止となりました。ただし、TSEが疑われる神経症状がある場合は、年齢に関係なく検査を受けることになりました（家畜伝染病予防法の詳細は138ページを参照）。

【TSE（伝達性海綿状脳症）とは】

異常プリオン蛋白質が原因でおこる伝染病。感染すると脳がスポンジ状になり、行動異常や運動失調などの神経症状をおこして死亡する。異常プリオン蛋白質を含んだ飼料を摂取することで感染する。潜伏期間は数ヶ月～数年以上と長い。国内のヤギには発生していないが、同じく異常プリオンが原因である牛海綿状脳症（BSE）と、羊スクレイピーの発生例がある。

かかりやすい主な病気

ヤギがかかりやすい主な病気をあげました。日頃の健康管理のためにも、病気について知っておきましょう。

消化器の主な病気

●急性鼓脹症

症状　胃の中にガスがたまって膨れ、左腹上方が盛り上がる。反芻が止まり、元気・食欲がなくなる。胃が横隔膜や心臓を圧迫するので呼吸が浅くなり、眼の結膜が充血する。呼吸困難、血液循環障害により死亡することも。

原因　①マメ科の牧草や濃厚飼料など発酵しやすいものの多量摂取、胃の中の微生物の変調によって、ガスが過剰に発生する。②長時間横になっていることで、ゲップが出ることが阻害されてガスが充満する。

治療　軽症の場合は腹部をマッサージするか、歩かせてガスの排出を促す。横になっている場合は姿勢を変える。市販の治療薬もある。緊急の場合には、左腹体表から注射針を刺してガスを抜く。

予防　マメ科の牧草、濃厚飼料の過食を避ける。

●下痢

症状　水様、泥状など下痢の種類はさまざま。食欲がなくなり、反芻がゆるやかになる。重症になると粘液や血液が混じることもある。長引くと死に至ることもある油断できない病気。

原因　エサの内容の急変、過食、有毒植物の摂取、腸内寄生虫、高温多湿など。

治療　他の病気や寄生虫が絡んでいることがあるので、原因を確かめる。胃腸障害の場合は、胃腸薬、下痢止め、木炭末を与える。

予防　ヤギ小屋は乾燥した状態を保つ。エサ箱、給水器はいつも清潔に。

●便秘

症状　フンをする時、背を丸めて苦痛を訴える。便に血液や粘膜が混ざることもある。

原因　ストレスや他の病気によって腸の動きが停滞。フンの量が減少する。生後間もない子ヤギは、初乳の摂取量が少ないと胎便の排出が困難になる。

治療　肛門、直腸を手で刺激するか、お湯か石けん液で浣腸する。水を十分に与える。下剤を投与する。

●胃腸炎

症状　下痢や血便、便秘など。元気・食欲がなくなり反芻が減少する。腹痛のために背を丸めたり、立つことや歩くことを嫌がったり、横になることも。長引くと貧血、脱毛など、栄養不良の症状が出る。

原因 ①ウイルスや細菌の感染。②カビが生えた草を食べる、濃厚飼料の過食、食べるものが急に変わる。③消化管内寄生虫。

治療 下痢、便秘など症状に応じて治療する。病原性細菌の場合は抗生物質の投与が必要。長引く場合は獣医師の診療を受ける。

予防 乾草や濃厚飼料は乾燥した状態を保つ。残したエサは適宜掃除する。給水器を清潔に保ち、エサの内容は徐々に切り替える。

●寄生虫症

症状 寄生虫の種類によって異なる。

●胃虫…貧血、栄養障害。

●条虫…大人のヤギは無症状のことが多い。子ヤギの場合、食欲不振、下痢、貧血、浮腫が見られる。フンに白い米粒状のものが混ざったり、肛門から白いテープのように虫が垂れ下がったりすることもある。

●コクシジウム…大人のヤギは無症状。子ヤギは軽い発熱、軟便の後に水様性の下痢をする。血便になり貧血・脱水症状を起こして死亡することもある。

●腸結節虫…食欲不振、下痢。重症になると貧血を伴って死亡する。

原因 消化管に寄生虫が入り、吸血したり、栄養の吸収や腸管の運動を妨げたりするため。

治療 それぞれの寄生虫に応じた駆虫薬を投与する。

予防 定期的に駆虫する。

●食滞

症状 食欲不振になり、反芻が減少するか停止する。フンの量が減り硬くなる。背を丸めて腹痛の様子を見せることもある。左腹部の体表から、胃の中の固めの内容物と上部のガスが確認できる。重症の場合、眼結膜の充血、呼吸困難、呼気やフンの悪臭が生じる。

原因 ストレスや濃厚飼料の過食、砂のような不消化物の摂取、エサの急な変更などによって胃の運動が低下。胃の内容物が滞留し、有毒ガスの発生や胃内微生物の死滅が起きる。

治療 絶食させて、浣腸するか下剤を投与する。左腹部をマッサージする。歩かせて胃の運動を促進させる。胃腸薬を投与する。

予防 濃厚飼料を与えすぎない。エサの内容は徐々に切り替える。ストレスを与えないよう注意する。

寄生虫が原因の主な病気

●腰麻痺

症状 腰、後ろ脚が麻痺して、歩き方が不安定になるか起立困難になる。神経が損傷された場所や程度により症状は異なり、頭や首が片方に傾いたり、顔面神経が麻痺して採食困難になったりすることもある。体温、呼吸、心拍は普通で、食欲もあることが多いが、しっかり看護できないと死亡につながる。ヤギとヒツジ独特の難病。

原因　ウシのお腹に寄生している糸状虫を蚊が媒介。ヤギに感染すると、体内を移動する間に神経組織を損傷する。

治療　できるだけ早く駆虫薬を投与する。軽症のうちに体内の子虫を駆除できれば、回復する可能性が高い。1日で回復することもあれば、1ヶ月以上かかることもある。

予防　蚊が出る時期に駆虫薬を投与する。蚊の発生源をなくすために、ヤギ小屋の近くに水が溜まっているところがないようにする。ヤギ小屋に網戸か防虫網をつけて蚊の侵入を防ぐ。スペアミントなど蚊が嫌うハーブを近くに植える。

●肺虫症

症状　咳と呼吸数の増加。大人のヤギでは病害がでないことが多いが、子ヤギは肺炎による発熱、呼吸困難、食欲不振を起こし、発育に影響する。

原因　糸状肺虫などが気管支や肺に寄生。虫が呼吸器粘膜を刺激して、肺炎を起こす。

治療　駆虫薬を投与する。

予防　湿潤な場所に放牧するのを避ける。定期的に駆虫薬を投与する。

乳用ヤギがかかる主な病気

●乳房炎

症状　ミルクの成分が変化し、苦味や塩味、酸味が出る。ミルクが薄くなり、黄白色の凝固物が混ざるか、悪臭を持つクリーム状になる。乳房が腫脹して熱を持ち、赤色から暗紫色に変色する。ミルクがまったく出なくなることも。

原因　乳房の中に病原菌が入り込み、増殖して炎症が起きる。

治療　濃厚飼料の量を減らして泌乳量を減らす。病原菌を出すために頻繁に搾乳する。乳房に消炎剤を塗る。抗生物質による治療も必要。

予防　搾乳時にミルクの状態を必ずチェックし、消毒をする。搾乳する人の手や搾乳機器も清潔に。飼育環境は乾燥した状態を保つ。

●乳熱

症状　元気喪失、体温低下。

原因　泌乳量が多いヤギは、カルシウムの代謝異常から、血中のカルシウム濃度が低下することがある。

治療　カルシウム剤を注射する。食欲がない時は、ブドウ糖やビタミン剤を注射する。

予防　ミルクを出す時期にはエサにカルシウム剤を添加する。

その他の病気・ケガ

●日射病、熱射病

症状　軽症の場合は、歩行不安定、呼吸数の増加など。重症になると立てなくなり、けいれん、昏睡などの神経症状が出る。

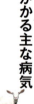

原因　日射病は炎天下で直射日光を受けること、熱射病は高温・多湿が原因で起こる。

治療　涼しいところで休ませ、冷水を飲ませて体温を下げる。重症の場合は強心剤の点滴など獣医師の処置が必要。

予防　暑い時期の昼間の運動を避ける。夏場は必ず日陰を用意して、風通しのよいところで飼育する。

●腐蹄症

症状　歩行異常、蹄の熱感、痛み、化膿。悪化すると悪臭を放つ。伝染するので注意する。

原因　蹄の傷や皮膚から細菌が入って増殖することによる。

治療　ブラシなどを使って汚れを落とし、蹄を切って壊死した部分を取り除く。膿を排出させ、軟膏を塗るか消毒する。

予防　定期的に削蹄する。脚を消毒薬につける。

●関節炎

症状　歩行異常や起立困難。患部は熱感を持ち、痛みがある。

原因　打撲や捻挫、細菌感染による。

治療　打撲、捻挫の場合は、安静にして消炎剤を塗ると、数日で回復する。細菌感染の場合は抗生物質の投与が必要。

●骨折

症状　患部に熱感と膨張があり触れると痛がる。

治療　脚の単純骨折は、ギブス、副木、テーピングで固定する。脚以外の場所は、安静にして消炎剤を投与する。骨が大きくずれていなければ、1ヶ月程度で回復する。

予防　特に子ヤギが動きまわる場所には、足がはまる穴や溝、ものがないように注意する。

●化膿・膿瘍

症状　下あご、肩、腸骨下のリンパ節が化膿する。小さいうちは固く、大きくなるとやわらかくなる。自然に膿が流れ出ることもあれば、皮下で膿が乾いて固まることもある。

原因　細菌の感染による。除角した後など、外傷からの感染が多い。

治療　切開して膿を出し、消毒する。

予防　除角や去勢時は清潔な器具を使用する。

●感冒

症状　咳が出て、膿のような鼻水が出る。発熱すると呼吸数や心拍数があがり、運動すると呼吸困難になる。食欲不振、下痢など胃腸障害を伴うこともある。悪化すると肺炎になる。

原因　細菌やウイルスの感染により鼻や喉の粘膜に炎症が起きている。秋から春にかけて、気候が変動する時期、寒冷地や乾燥状態で粘膜の抵抗性が弱まっている時に多い。伝染するので換気の悪い飼育舎で蔓延しやすい。

治療　体力を維持するために保温し、好んで食べるものを与える。発熱した場合、解熱剤や抗生物質の投与が必要なので獣医師の診察を受ける。

予防　真冬でも適度に小屋を換気する。

●尿石症

症状　リンを過剰摂取したり、リンとカルシウムのバランスが崩れたりすると、尿中の塩類が結合して結石になる。結石が尿路につまると尿量が減少する。痛みと排尿障害から、背中を丸めて疝痛症状をみせる。病状が進むと腹囲の膨大や浮腫が現われ、排尿が止まると尿毒症や膀胱破裂で死亡することがある。

原因　濃厚飼料の多給、飲水の制限、腎臓や膀胱の炎症。

治療　外科的に結石を取り除く。ビタミンA、D、塩化アンモニウム、カルシウムなどの添加が効くこともある。

予防　十分に水が飲めるようにする。濃厚飼料を減らして粗飼料を増やす。

ヤギ飼いさんの体験談① 尿石症

ある冬の日中、排尿のポーズをしても出る気配がなく、唸っているのに気づきました。何度力んでもおしっこが出ず、痛いのか、立ったり座ったりを繰り返していました。1週間ほど前から何となくびくびくしたり、後ろ足の方を気にしたりしており、エサを残すこともあったので注意していたのですが、すでに痛みがあったのかもしれません。すぐに獣医さんに往診をお願いしましたが、到着は夜になりました。膀胱炎か尿路結石との診断。その日の朝は排尿を確認していたので、尿毒症の危険や膀胱破裂までにまだ時間があり、先生は排尿を促す注射を打って一度帰られました。しかし変化はなく、痛み止めも効きません。症状はひどくなり、七転八倒しているので、思い切って病院へ運び、翌日、手術になりました。膀胱は手術開始と同時に破裂。たくさんの結石があり、それが尿道で詰まっていたようです。数時間に渡る手術でしたが、無事終了し、約3週間後に退院できました。尿道が細目だったようで、特に飼い方やエサ、水質などに問題はないとのことでしたが、振り返ると、同居ヤギとの不仲によるストレスや、飲水量が少なかったこと、小屋が寒かったことも原因だったかと思いました。退院後は小屋を暖かくし、冬の間はぬるま湯を与えるようにしたら飲水量が増えました。また、結石を予防する鉱塩を与えて、再発を防ぎました。

（栃木県・Hさん／当時3歳の去勢オス）

●肺炎

症状　高熱になり、呼吸が早くなり元気がなくなる。痰がからんだような咳が出る。子ヤギの死亡率は高い。慢性化すると、体温は上がらなくても咳が続き、痩せて栄養不良になる。

原因　細菌やカビによって流行的に発生する。感冒が悪化してなることもある。

治療　安静にさせて保温する。熱がある場合は水分補給にも注意する。ブドウ糖、ビタミン剤を投与して栄養補給する。

予防　患畜が出たら伝染を防ぐために他のヤギと離して管理する。

● 植物中毒・薬物中毒

症状　原因物質で異なるが、急性の場合は元気がなくなり、よだれが出て呼吸が速くなる。口から泡を吹く、嘔吐、眼の充血、体温上昇も見られる。慢性の場合は、元気、食欲が減退し、黄疸など肝機能障害があらわれる。

原因　有毒植物の摂取、農薬、過剰な駆虫薬投与。カビの毒素によることもある。

治療　急性中毒は、下剤を投与したり、血を出したり、点滴をする。獣医師の診療が必要。

予防　放牧地に有毒植物がないか確認する。薬物が間違ってヤギの口に入らないようきちんと管理する。

ヤギ飼いさんの体験談②　カビ中毒

購入したての飼料から少しカビの臭いがしたのですが、まさかと思いつつも、ほかの飼料と混ぜて与えてしまいました。2日後にボソボソとした便秘のようなフンが。不安になったので疑わしい飼料の給与をやめ、様子を見ていたのですが、給与を中止して3日目、真っ黒い犬様便が大量に出ました。それと同時にへたり込んで立ち上がれなくなり、視線は定まらず左右に揺れ動いていました。熱もあり、これはただ事ではないと、往診をお願いしました。いつものエサや疑わしい飼料も見てもらうと、やはり、買ったばかりの飼料に生えていたカビによる、カビ中毒と診断されました。心音にも異常があるとのことで、すぐに点滴と注射で治療し、翌日には元気を取り戻しました。しかし、見た目は元気になったものの、フンの状態は一進一退で、パラパラの正常なフンに戻るまでには約1ヶ月近くかかりました。ヤギの体にかなりの負担をかけてしまったのだと、反省しました。

（栃木県・Hさん／当時12歳のメス）

知っておきたい伝染病の知識

食料生産の場である牧場で家畜に伝染病が広がり、大きな被害を受けることを防ぐために、「家畜伝染病予防法」という法律があります。この法律では、伝染性の病気の中でも特に重要なものが「監視伝染病」として定められています。「監視伝染病」は、さらに発生した時に淘汰の義務がある「家畜伝染病（法定伝染病）」と、その義務はない「届出伝染病」にわけられます。これらの監視伝染病は、発見した獣医師や飼い主、家畜保健衛生所に届出の義務があります。

伴侶動物として飼っていても、法律で定められている以上、無関係ではありません。飼育をしている間は1年ごとに知事（家畜保健衛生所が窓口）へ飼育状況を定期報告する義務があります。自分のヤギが感染していなくても、近くで発生した場合、予防的殺処分の対象となることもありえます。これらの伝染病は頻繁に発生するものではありませんが、どんな病気があるのか把握して、防疫に協力する必要があることは心にとめておきましょう。

●口蹄疫

口蹄疫ウイルスが原因で、ウシ、ブタ、ヤギ、ヒツジなど偶蹄類の動物がかかる。感染すると発熱したり、口の中や蹄のつけ根などに水ぶくれができたりする。子ウシや子ブタは死亡することがあるが、成長した家畜の死亡率は数％程度。ウイルスの伝播力が強いうえに、感染した家畜の経済価値が下がることによる経済的損失が大きいので、最も重要な伝染病ともいわれる。感染経路は、感染した動物やウイルスに汚染されたフンなどとの接触、器具・車両・人などによるウイルスの伝搬、空気感染など。2010年に宮崎県で発生し、甚大な被害をもたらした。以降日本での発生はないが、近隣国では発生しており、国内での発生が警戒されている。

●ヨーネ病

ヨーネ菌が原因で、ウシ、ヒツジ、ヤギなどの反芻動物に激しい下痢、乳量の低下、削痩などを起こす。発病後は数ヶ月で死亡する。経口感染のほか、母ヤギから子ヤギへの胎内感染、乳汁感染もある。ヤギでの発生は少ないが、ウシでは年間600頭前後発生しており、注意が必要とされている。

●山羊関節炎・脳脊髄炎（CAE）

山羊関節炎・脳脊髄炎（CAE）ウイルスが原因でおこるヤギの伝染病。関節炎のほか、子宮炎、肺炎、乳房炎を引き起こす。子ヤギがかかると脳脊髄炎を起こして死亡することがある。主な感染経路は乳汁感染。呼吸器症状が出た個体からの飛沫感染もある。数ヶ月〜数年と潜伏期間が長い。発症は数％で多くは無症状。国内では2002年以降に発生しており、その後の調査で感染したヤギが全国に広く確認されたため、気をつけたい。子ヤギの感染防止には、分娩直後の母子分離（初乳を飲ませない）が必要であるが、母乳を加温処理（56℃30分間保持）して与えれば感染しない。

●伝染性無乳症

ヒツジとヤギに起こる感染症。感染すると乳量が低下し、停止する。乳房炎に類似した症状のほか、肺炎、関節炎、角結膜炎などを起こす。子ヤギは肺炎や関節炎が主な症状。流産、下痢を起こすこともある。感染経路は、乳汁感染や胎内感染。症状がなくなってからも感染源となるので注意が必要。

伝染力が強く、世界各地で発生している。日本では1991年に初めて沖縄で発生が確認された。以降も数年おきに数頭の感染が確認されている。

ヤギの監視伝染病

	伝染病名	病原体	国内ヤギでの発生状況
家畜（法定）伝染病	牛疫	牛疫ウイルス	発生なし
	口蹄疫	口蹄疫ウイルス	2010年に1頭発生
	流行性脳炎	日本脳炎ウイルスなど	1960年以降発生なし
	狂犬病	狂犬病ウイルス	1954年以降発生なし
	リフトバレー熱	リフトバレー熱ウイルス	発生なし
	炭疽	炭疽菌	1963年以降発生なし
	出血性敗血症	特定のパスツレラ菌	発生なし
	ブルセラ病	特定のブルセラ菌	1950年以降発生なし
	結核病	結核菌	1956年以降発生なし
	ヨーネ病	ヨーネ菌	2001年以降発生（0〜9頭／年）
	伝達性海綿状脳症	異常プリオン	発生なし
	小反芻獣疫	小反芻獣疫ウイルス	発生なし
届出伝染病	ブルータング	ブルータングウイルス	発生なし
	アカバネ病	アカバネウイルス	発生なし
	チュウザン病	チュウザンウイルス	発生なし
	類鼻疽	類鼻疽菌	発生なし
	気腫疽	気腫疽菌	発生なし
	伝染性膿疱性皮膚炎	オルフウイルス	発生なし
	ナイロビ羊病	ナイロビ羊病ウイルス	発生なし
	伝染性無乳症	特定のマイコプラズマ菌	2006年2頭、2010年4頭、2012年3頭、2016年1頭発生
	トキソプラズマ病	特定のクラミジア菌	発生なし
	山羊痘	山羊痘ウイルス	発生なし
	山羊関節炎・脳脊髄炎	山羊関節炎・脳脊髄炎（CAE）ウイルス	2002年以降発生（0〜47頭／年）
	山羊伝染性胸膜肺炎	特定のマイコプラズマ菌	発生なし

「ヤギの科学」より引用

ヤギに関する問い合わせ先（都道府県順）

北海道	**十勝千年の森** 購 相 乳	電話番号 0156-63-3000	住所 北海道清水町羽帯南10線
		URL：http://www.tmf.jp	

福島	**かつらおヤギ広場がらがらどん** 購 相 乳	電話番号 0240-23-6614	住所 福島県双葉郡葛尾村上野川東34
		URL：https://www.katsuraoyagi.co.jp	

群馬	**ヤギとウサギのイノウエ** 購 相 乳 ※相談はメールか FAX で。飼育に関する相談はメールのみ可。ヤギの配送は全国対応。ヤギの買取りも可能。	FAX 番号 027-388-8884	住所 群馬県高崎市吉井町多胡30
		URL：http://www.yagi-usagi.com	

東京	**(公社) 畜産技術協会 緬山羊振興部** 相	電話番号 03-3831-3195	住所 東京都文京区湯島3-20-9
		URL：http://jlta.lin.gr.jp	

新潟	**今井農業技術士事務所／今井農園** 相 乳	電話番号 0256-46-4707	住所 新潟県三条市槫山229-11
		E-mail：a-imai@ruby.plala.or.jp	

長野	**(独) 家畜改良センター茨城牧場長野支場** 購 相	電話番号 0267-67-2501	住所 長野県佐久市新子田2029-1
		URL：http://www.nlbc.go.jp/nagano	

愛知	**全国山羊ネットワーク事務局** 購 相 乳	電話番号 0568-41-8838	住所 愛知県春日井市鷹来町菱ヶ池4311-2 名城大学農学部附属農場フィールドサイエンス研究室(畜産) 林 義明　気付
		URL：http://japangoat.web.fc2.com	

京都	**るり渓やぎ農園** 購 乳 ※子ヤギのみ購入可。	FAX 番号 0771-65-9010	住所 京都府南丹市園部町大河内小米阪1-3
		URL：https://www.ruri-yagi.com	

大阪	**ワールド牧場** 購	電話番号 0721-93-6655	住所 大阪府南河内郡河南町白木1456-2
		URL：http://www.worldranch.co.jp	

岡山	**ルーラルカプリ農場** 購	電話番号 086-297-5864	住所 岡山県岡山市東区草ヶ部1346-1
		URL：http://yagimilk.com	

広島	**広島ミニヤギ牧場** 購 相 ※年2回子ヤギのみ購入可。	電話番号 090-1184-4601	住所 広島県呉市下蒲刈町大地蔵3393-2
		URL：http://www10.plala.or.jp/mirai-wo-sinjite/	

購 ヤギの購入に関する相談が可　相 飼育方法の相談が可　乳 ヤギミルクに関する相談が可

取材協力先

ブラウンズフィールド　住所：千葉県いすみ市岬町桑田 1501-1　TEL：0470-87-4501　https://brownsfield-jp.com

ギャルソンチーズ工房　住所：群馬県前橋市富士見石井 1883-33　TEL：027-288-5590

Garden House SARA（ガーデンハウスサラ）　住所：栃木県那須郡那須町高久甲 5840-4
TEL：0287-62-2868　http://sara.ram.ne.jp

自然派レストラン　アワーズダイニング　住所：栃木県那須郡那須町高久甲 5834-14
TEL：0287-64-5573　http://oursdining.jp

那須高原 HERB's　住所：栃木県那須郡那須町高久乙 3589-3　TEL：0287-76-7315　http://www.n-park.jp

ルーラルカプリ農場　住所：岡山県岡山市草ヶ部 1346-1　TEL：086-297-5864　https://yagimilk.com

しなの鉄道(株)牟礼駅　住所：長野県上水内郡飯綱町大字豊野 4921-1
TEL：026-253-2039　https://www.shinanorailway.co.jp

山下フルーツ農園　住所：長野県上水内郡飯綱町大字倉井 4276　TEL：0120-533-170　https://www.yamashita-fruit.com

NPO法人飯綱高原よっこらしょ　住所：長野県長野市上ケ屋 2471-2597　TEL：026-239-2315 http://iizuna.org

制作協力先

淡路ファームパーク イングランドの丘　https://www.england-hill.com

飯綱町観光協会　https://1127.info ／ **(株)アクシス**　https://www.leivy.jp

(独)家畜改良センター茨城牧場長野支場　http://www.nlbc.go.jp/nagano

長野県飯綱町　https://www.town.iizuna.nagano.jp

かつらおヤギ広場がらがらどん　https://www.katsuraoyagi.co.jp

成田ゆめ牧場　https://www.yumebokujo.com ／ **はごろも牧場**　※現在は閉鎖中

マザー牧場　https://www.motherfarm.co.jp ／ **丸菱石鹸(株)**（無添加石鹸本舗）　https://www.mutenka-sekken.com

メイちゃん農場　https://www.meichanfarm.com/

森のシェーブル館　http://www.chevre-kan.com ／ **(有)那須高原今牧場**　https://imafarm.xsrv.jp/

Y&Co（(有)吉田興産）　http://www.y-kosan.com

参考文献

『絵で見る特用家畜の飼い方』秋山賢一（中央畜産会）／『家畜改良センター　技術マニュアル6　山羊の飼養管理マニュアル』（家畜改良センター）／『新特産シリーズ　ヤギ　取り入れ方と飼い方　乳肉毛皮の利用と除草の効果』萬田正治（農山漁村文化協会）／『そだててあそぼう　ヤギの絵本』まんだまさはる、いいのかずよし（農山漁村文化協会）／『動物名の由来』中村浩（東京書籍）／『畜産全書　ヤギ、めん羊、ウサギ、家禽、実験動物、ミツバチ他』農山漁村文化協会（農山漁村文化協会）／『日本大学農獣医学会会誌』「小笠原島畜産の史的考察」長野實（日本大学農獣医学会）／『牧草・毒草・雑草図鑑』清水矩博、宮崎茂、森田弘彦、広田伸七（畜産技術協会）／『めん羊、山羊技術ガイドブック』日本緬羊協会（畜産技術協会）／『めん羊、山羊技術ハンドブック』田中智夫、中西良孝監修（畜産技術協会）／『めん羊、山羊の重要疾病解説書』（日本緬羊協会）／『ヤギの科学』（朝倉書店）／『全国山羊ネットワークホームページ』http://japangoat.web.fc2.com／『農林水産省ホームページ　家畜の病気を防ぐために（家畜衛生及び家畜の感染症について）』http://www.maff.go.jp/j/syouan/douei/katiku_yobo

※掲載している情報は、2022年 3月現在のものです。

まるごと一冊ヤギの本、
いかかでしたでしょうか。
これからヤギを飼う人にも、
もうヤギを飼っている人にも、
少しでもお役に立てれば幸いです。
最後になりますが、
ここに「ヤギからの5つのお願い」を掲げて、
おわりに代えさせていただきます。
すべてのヤギ飼いさんが、
ハッピーなヤギライフをおくれますように。

ヤギからの5つのお願い

ヤギからヤギ飼いさんへ、心にとめておいてほしいこと

一、草はたくさん食べさせてください。

何より草をたくさん食べさせてください。草よりも他のものを食べたがる時もあります。それでも、お腹を健康に保ち、きちんと栄養を吸収するためには、草を食べることは欠かせないのです。

一、水や湿気は嫌いです。

雨に濡れることは大嫌いです。小屋の中に、雨が入らないようにしてください。そして風通しをよくしたり、寝る場所を床から高くしたりして、湿気がこもらない快適な場所にしてください。

一、ちょっとだけ高いところに登れるとうれしいです。

高いところがあるとつい登りたくなるので、いつでも登れるところがあるとうれしいです。木製の台でも、土を積み上げたところでも、壊れて事故が起こるようなものでなければ、どんなものでも構いません。

一、１頭だけでいるのは寂しいです。

ずっと1頭だけでいると、不安になってしまいます。2頭以上の仲間がいるような環境にすることが難しい場合は、なるべく人の側にいられるようにして、1頭だけで過ごす時間を少なくしてください。

一、人と仲良く、楽しく暮らしたいと思っています。

いつも人を警戒しているか、怖がっているようなヤギにしないでください。そのために、まずあなたがやさしく声をかけ、時にはなでて、安全であることを教えてください。他の人に会う時には紹介して、マナーを持って接してもらえるようにしてください。

監修者紹介

中西良孝

1956年、香川県生まれ。元鹿児島大学農学部教授。ヤギの行動や飼養管理などについて研究する傍ら、「全国山羊ネットワーク」代表を務める。「めん羊・山羊技術ハンドブック」（畜産技術協会）、「改訂畜産」（全国農業改良普及支援協会）、「ヤギの科学」（朝倉書店）などさまざまな書籍でヤギに関する執筆も担当。

全国山羊ネットワーク

研究機関、牧場、学校、一般の飼育者などで構成されているヤギが好きな人が集まる愛好者の任意団体。年1回の交流イベント「山羊サミット」の開催の他、会報「ヤギの友」の発行、必要に応じて研修を実施するなど、ヤギ普及のためのさまざまな活動を行う。URL：http://japangoat.web.fc2.com

Staff

Editor	佐藤華奈子
Photographer	平林美紀
Designer	松永路
Illustrator	今田美沙　井上直子（P54～P55）
編集協力	大﨑典子　はたかおり　石井沙苗
Special thanks（敬称略）	長野實 杉本徳久

ヤギ飼《か》いになる New edition!

ミルクがとれて除草《じょそう》にも活躍《かつやく》。ヤギの飼《か》い方最前線《かたさいぜんせん》！

NDC 489

2017年10月20日　発　行
2022年 4 月 1 日　第2刷

編　者　ヤギ好《ず》き編集部《へんしゅうぶ》
発行者　小川雄一
発行所　株式会社 誠文堂新光社
〒113-0033　東京都文京区本郷3-3-11
電話 03-5800-5780
https://www.seibundo-shinkosha.net/

印刷所　株式会社 大熊整美堂
製本所　和光堂 株式会社

ISBN978-4-416-71723-3